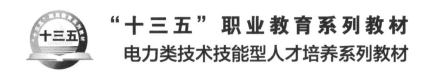

"十三五"职业教育系列教材

电力类技术技能型人才培养系列教材

电厂热力系统

张灿勇　窦泉林　王　峰　编
王承蛟　柳自强　主审

U0260794

中国电力出版社

CHINA ELECTRIC POWER PRESS

内 容 提 要

全书以 C12、300MW 及 600MW 火电机组为典型，着重讲述发电厂热力系统的组成和连接方式，以及发电厂主要辅助设备的基本结构、工作原理和工作过程；共分为四个项目，内容包括发电厂的热经济性、发电厂主要辅助设备、发电厂的汽水管道及阀门、发电厂热力系统。

本书可作为高职高专热能与发电工程类专业教材，也可作为热电企业以及 300、600MW 机组运行和检修岗位培训教材，还可供火电厂有关专业技术人员学习与参考。

图书在版编目（CIP）数据

电厂热力系统/张灿勇，窦泉林，王峰编 . —北京：中国电力出版社，2019.2（2024.1重印）
电力类技术技能型人才培养系列教材 "十三五"职业教育规划教材
ISBN 978 - 7 - 5198 - 2893 - 6

Ⅰ.①电… Ⅱ.①张… ②窦… ③王… Ⅲ.①火电厂—热力系统—职业教育—教材 Ⅳ.①TM621.4

中国版本图书馆 CIP 数据核字（2019）第 006854 号

出版发行：中国电力出版社
地　　址：北京市东城区北京站西街 19 号（邮政编码 100005）
网　　址：http：//www.cepp.sgcc.com.cn
责任编辑：李　莉（010-63412538）
责任校对：黄　蓓　闫秀英
装帧设计：赵丽媛
责任印制：钱兴根

印　　刷：北京天泽润科贸有限公司
版　　次：2019 年 2 月第一版
印　　次：2024 年 1 月北京第四次印刷
开　　本：787 毫米×1092 毫米　16 开本
印　　张：11.5　插页 2 张
字　　数：284 千字
定　　价：36.00 元

前　　言

　　"电厂热力系统"是电厂热能动力装置专业的一门核心职业技术课程，本书是国网技术学院国家骨干院校"五年一贯制"教育重要项目建设专业系列教材之一。

　　本教材充分体现"五年一贯制"高职教育的特色，全面贯彻教学改革和创新精神，以职业活动为导向，采取项目引导、任务驱动的编写体例，努力营造教、学、做一体化的教学模式，加强职业素质和职业能力的培养。

　　全书以 C12、300MW 及 600MW 火电机组为典型，紧密结合电厂生产实际，介绍了电厂热力系统的组成、连接方式等知识和技术，着重讲述热力辅助设备的基本结构、工作原理及工作过程；体现我国能源发展"十三五"规划精神，突出现代大型火电机组的新设备、新技术，如超超临界压力二次再热 N1000/31/600/620/620 型机组原则性热力系统、亚临界压力 CC330/263 - 16.7/1.0/0.5/537/537 供热机组、双压凝汽器等。本书内容精炼，文字通俗易懂，采用新的体系结构，按照项目、项目目标、任务、任务目标、知识准备、知识拓展及能力训练的形式编写，项目后有综合测试，便于学习掌握。

　　本书由张灿勇（国网技术学院，副教授）、窦泉林（华电淄博热电有限公司，工程师）、王峰（国网技术学院，高级讲师）合编。其中，王峰编写了项目一，窦泉林编写了项目二，张灿勇编写了项目三、项目四。全书由张灿勇统稿，由王承蛟（华电潍坊发电有限公司，高级工程师）、柳自强（华能莱芜发电有限公司，高级工程师）主审。

　　本书在编写过程中，得到山东聊城发电有限公司、鲁邦大河热电有限公司、华电淄博热电有限公司、华电潍坊发电有限公司、华能莱芜发电有限公司等单位的协助，以及学院领导和老师的大力支持和帮助，在此谨致谢意。

编　者

2019 年 2 月

目　　录

项目一 发 电 厂 的 热 经 济 性

> **项目目标**

熟悉发电厂的类型，会评价发电厂的热经济性，能进行发电厂各项热损失、效率和热经济性计算，学会定性分析提高发电厂热经济性的方法。

任 务 一 电 力 生 产 认 知

> **任务目标**

掌握电能生产的特点及其基本要求，熟悉发电厂的类型，了解我国的电力发展概况及发展政策。

> **知识准备**

一、电力生产的特点及基本要求

（一）电力工业的作用及地位

电力工业是把一次能源转变为电能的生产行业。一次能源是指以原始状态存在于自然界中、不需要经过加工或转换过程就可直接提供热、光或动力的能源，如石油、煤炭、天然气、水能、原子能、风能、太阳能、地热能、海洋能等，上述前五种能源是当前被广泛使用的，所以称为常规能源，世界能源消费的绝大部分由这五大能源来供应。水能、风能、太阳能等是可再生能源，又称为清洁能源或绿色能源；石油、煤炭、天然气、原子能等是不可再生能源。

一次能源通过加工、转化生成的能源称为二次能源。电能是优质的二次能源，一些不宜或不便于直接利用的一次能源（如核能、水能、低热值燃料等），可以通过转换成电能而得到充分利用，由此扩大了一次能源的应用范围。

电能可较为方便地转换成为社会所需要的各种形式的能源，如机械能、光能、磁能、化学能等，而且转换效率高。电能容易控制，无污染。以电能作为动力，可有效地提高各行各业的生产自动化水平，促进技术进步，从而提高劳动生产率，改善劳动者的工作环境和工作条件。电能在提高人民的物质文化水平方面同样起着非常重要的作用。世界各国都把电力工业的发展速度和电能消耗占总能源消耗的比例，作为衡量一个国家现代化水平的重要标志。

一个国家的电气化发展速度，用电力弹性系数来表示，它是指电力工业的年增长速度与国民经济总产值年增长速度的比值。当经济发展过程中高电耗的重工业和基础工业的比值增大时，特别是发展中国家，使得用电力来替代直接使用的一次能源和其他动力的范围不断扩大。电力总消费量增长率会不断增大，则电力弹性系数呈现大于1的趋势；当经济发展过程中基本上保持原来结构和原有技术水平时，电力弹性系数接近于1或等于1；当产业结构和产品结构向节能型方向调整，用电效率提高，使得单位产值电耗降低时，电力弹性系数就会小于1。

（二）电力生产的特点及基本要求

目前，电能还不能大量储存。这就要求发电厂所发出的电功率必须随时与电用户所消耗的电功率保持平衡，以保证用户对电量的需求。为此，发电设备的运行工况必须随着外界负荷的变化而改变。根据电能生产的这一特点，对电能生产提出几个要求。

1. 安全可靠

电力工业是连续进行的现代化大生产，一个小事故处理不当就可能发展成大面积的停电事故，给工农业生产和人民生活造成严重的危害，所以电力生产必须保证发电和供电的可靠性与安全性。电力系统应有必须的备用容量，以备在检修或事故情况下向外正常供电，对重要用户还应采用双回路供电。

2. 力求经济

目前，我国的电力生产仍以火电为主，所消耗的一次能源多，而能源的利用率又很低（仅为 33% 左右，与世界先进水平相差 10 个百分点），节能空间和潜力很大。在电力生产过程中，必须力求经济运行，提高能源利用率。

3. 保证电能质量

电能的质量指标主要是电网的频率和电压。我国规定，电网的频率为 50Hz，电压等级民用电为 220V，工业用电为 380V。随着电力工业的不断发展，电网覆盖范围越来越大，为保证电能质量，在电力系统中设有适应用户有功功率变化的调频厂或机组，使电网频率保持在规定的范围内。为了保证电压质量，在电网中无功功率差异较大的局部地区要安装电力电容器或调相机组，给予补偿。

4. 控制污染，保护环境

火电厂在生产过程中产生的烟尘、SO_x、NO_x、废水、灰渣和噪声等，污染环境、危害人民的身体健康，必须采取有效措施严格控制。目前采用高效的电气式除尘器使烟气中的粉尘含量大为减少；采用煤或烟气的脱硫、脱硝、循环流化床及低温分段燃烧等技术，使烟气中有害气体的含量得到有效控制；采用中水处理技术节约水资源。可以说，火电厂环保的优劣已成为衡量一个国家电力工业技术水平高低的标志之一。

二、发电厂的类型

（一）按生产的产品分类

火力发电厂按生产的产品可分为发电厂和热电厂两种。发电厂只生产电能，在汽轮机中做完功的蒸汽，排入凝汽器凝结成水，所以又称为凝汽式发电厂；热电厂既生产蒸汽又对外供热，其供热是利用汽轮机较高压力的排汽或可调节抽汽的热量送往热用户进行供热。

（二）按使用的能源分类

1. 火力发电厂

以煤、油、天然气为燃料的电厂称为火力发电厂，简称火电厂，其外景如图 1-1 所示。按照我国的能源政策，火电厂主要以燃煤为主，并且优先使用劣质煤。

火力发电机组还按汽轮机的进汽参数分为中低压机组（进汽压力小于 3.43MPa）、高压机组（进汽压力为 8.83MPa）、超高压机组（进汽压力为 12.75～13.24MPa）、亚临界压力机组（进汽压力约为 16.17MPa）、超临界压力机组（进汽压力大于 24.2MPa）、超超临界压力机组（进汽压力大于 25MPa）。

图 1-1 火力发电厂外景

2. 水力发电厂

以水能作为动力发电的电厂称为水力发电厂。其生产过程如图 1-2 所示：由拦河坝维持高水位的水，经压力水管进入水轮机、推动转子旋转，将水能转变成机械能。水轮机带动发电机旋转，从而使机械能转变为电能，在水轮机中做完功的水流经尾水管排入下游。

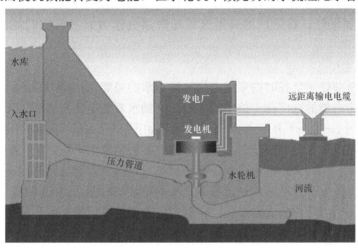

图 1-2 水力发电站生产过程

与火力发电相比较，水力发电具有发电成本低、效率高、环境污染小、启停快、事故应变能力强等优点，但需要修筑大坝，投资大，工期长。我国的水力资源丰富，发展水电将取得很好的综合效益。因此，国家把开发水力资源放在重要位置。

3. 原子能发电厂（核电厂）

将原子核裂变释放出的能量转变成电能的电厂称为原子能发电厂，简称核电厂。原子能发电厂由两部分组成，一部分是利用核能产生蒸汽的核岛，它包括核反应堆及一次回路系统，在该系统中，核燃料在反应堆中进行链式裂变反应产生热能，一次回路系统中冷却水吸收裂变产生的热能后流出反应堆，进入蒸汽发生器将热量传给二次回路系统中的水，使之蒸发成为蒸汽；另一部分是利用蒸汽的热能转换成电能的常规岛，它包括汽轮发电机组及其系统，与火电厂中的汽轮发电机组大同小异。图 1-3 所示为压水堆核电厂的工作系统。

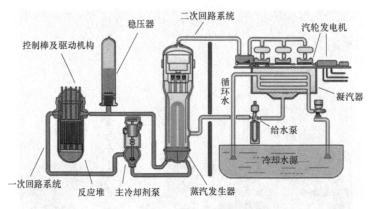

图 1-3 压水堆核电厂工作系统

原子能发电比火力发电有许多优越性，其燃料能量高度密集，避免燃料的繁重运输，运行费用低，无大气污染等，但基建投资大。在能源短缺的今天，原子能发电将会得到更大的发展。

4. 燃气-蒸汽轮机发电厂

燃气-蒸汽联合循环动力装置能充分利用燃气轮机的余热发电，因此热效率高，净效率可高达 43.2%。利用深层煤炭地下气化技术，结合燃气-蒸汽联合循环发电，不仅能够提高发电效率，而且能避免深井煤炭的开采，其综合效益将非常显著。当利用工业企业排放出的废气，如煤气、石化厂的火炬气、高炉烟气作为燃气轮机的能源时，还可减轻公害。

5. 抽水蓄能电厂

将电力系统负荷处于低谷时的多余电能转换为水的势能，在电力系统负荷处于高峰时又将水的势能转换为电能的电厂称为抽水蓄能电厂（抽水蓄能电站），如图 1-4 所示。其工作由抽水蓄能［如图 1-4 (a) 所示］和放水发电［如图 1-4 (b) 所示］两个过程组成，在后半夜电力系统用电进入低谷负荷时，抽水蓄能电站利用电力系统多余电能把下水库的水抽到上水库储存起来；在白天用电负荷处于高峰状态时，抽水蓄能电站利用上水库储存的水放水发电向电力系统输电。这种水电站因有两次水的势能与电能之间的转换，所以存在一定的能量损失。但随着电力负荷的急剧增长，特别对有大型核电厂带基本负荷的电力系统，在电力系统调峰、调频中的作用更为显著，因而发展较快。

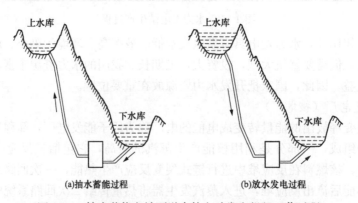

图 1-4 抽水蓄能电站可逆水轮电动发电机组工作过程

6. 太阳能发电厂

利用太阳能发电的电厂称为太阳能发电厂。太阳能发电有两种基本方式：太阳能光发电和太阳能热发电。

太阳能光发电是指无需通过热过程直接将光能转变为电能的发电方式。它包括光伏发电、光化学发电、光感应发电和光生物发电。太阳能光伏发电是当今太阳能光发电的主流方式，其发电系统如图1-5所示。

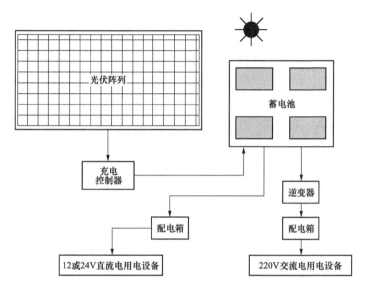

图1-5　太阳能光伏发电系统

太阳能热发电是通过大量反射镜以聚焦的方式将太阳能直射光聚集起来，加热工质，产生高温高压的蒸汽，蒸汽驱动汽轮机发电。我国及一些发达国家将太阳能热发电技术作为国家研发重点，制造了数十台各种类型的太阳能热发电示范电站，已达到并网发电的实际应用水平，如图1-6所示为塔式太阳能热发电系统。

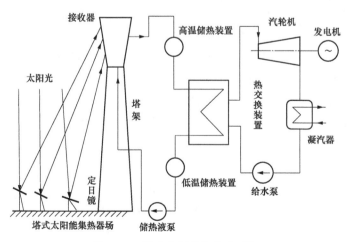

图1-6　塔式太阳能热发电系统

7. 地热发电厂

地热发电厂利用地下热水（蒸汽或汽水混合物），经过扩容器降压产生蒸汽，或通过热交换器使低沸点液体产生蒸汽，通过汽轮发电机组发电，或地热水全部引入双螺杆膨胀动力机膨胀做功，地热水在送入动力机之前，无需进行扩容处理，因而能量利用率较高。双螺杆膨胀动力机是一种新型的将热能转换成机械能的热机。我国西藏羊八井地热发电厂外景如图1-7所示。

8. 风力发电厂

利用高速流动的空气即风力，驱动风车转动，从而带动发电机发电的电厂称为风力发电厂。近几年，我国及世界许多国家加快了海上风力发电厂的开发和建设，如图1-8所示。

图1-7　羊八井地热电站

图1-8　海上风力发电厂

9. 垃圾发电厂

垃圾发电厂将燃烧垃圾生成的热能转换成电能，既环保又节能。

另外，还有利用潮汐等海洋能、柴草等生物质能发电的电厂。

三、我国火力发电行业发展前景

火电行业与水电、核电和其他能源发电并列属于发电行业。近年来中国发电装机容量增速不断放缓，火电投资占比不断下降。

目前中国燃煤发电行业在技术和运行经验上都已趋于成熟，节能减排取得一定成效。由于"上大压小"政策以及"一带一路"倡议的实施，"十三五"期间仍将有一批火电机组建设投产。《关于推进大型煤电基地科学开发建设的指导意见》提出，在2020年前，锡林郭勒、鄂尔多斯、呼伦贝尔、晋北、晋中、晋东、陕北、宁东、哈密、准东九个现代化千万千瓦级大型煤电基地将建设完成。随着电网输送能力的提升，未来电源规划重心将向中西部地区转移，加速淘汰各地落后产能，在中西部地区兴建清洁、高效的大容量机组进行外送，在保证能源供给，支撑"一带一路"倡议同时，带动当地经济发展。

▶ **能力训练** ◀

1. 举例说明什么是一次能源？什么是二次能源？

2. 电力生产有什么特点？对电力生产有哪些基本要求？

3. 什么是凝汽式发电厂？什么是热电厂？在你所知道的发电厂中，哪些发电厂属于凝汽式发电厂？哪些发电厂属于热电厂？

4. 简述水力发电厂及原子能发电厂的生产流程。

5. 根据自己掌握的有关知识，谈谈你对各种类型发电厂的认识。

任务二 发电厂的热经济性

▶ **任务目标** ◀

学会评价发电厂的热经济性，能理解发电厂热经济指标的意义，能进行发电厂热效率和主要热经济指标的计算。

▶ **知识准备** ◀

一、凝汽式发电厂的各种热损失和效率

（一）朗肯循环及其热效率

在以水蒸气为工质、以汽轮机为原动机的热力发电厂中，热能转化为机械能的过程是由蒸汽动力循环来实现的。朗肯循环是热力发电厂中最基本的蒸汽动力循环，按朗肯循环工作的发电厂称为纯凝汽式发电厂。现代发电厂实际采用的复杂的热力循环，都是在朗肯循环的基础上加以完善改进发展而来的。

朗肯循环的热力系统如图 1-9 所示。由热工学知识可知，朗肯循环由四个热力过程组成：水在锅炉中定压吸热，被加热成一定参数的过热蒸汽；过热蒸汽在汽轮机中绝热膨胀做功；汽轮机排汽（乏汽）在凝汽器中定压放热，凝结成水；凝结水在给水泵中被绝热压缩，送回锅炉。

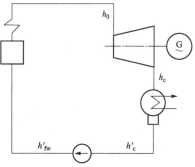

图 1-9 朗肯循环热力系统

动力循环热经济性的高低用循环热效率 η_t 来反映，它等于 1kg 工质在循环中所做的净功 w_t 与循环吸热量 q_1 之比。则朗肯循环的热效率为

$$\eta_t = \frac{w_t}{q_1} = \frac{(h_0 - h_{ca}) - (h'_{fw} - h'_c)}{h_0 - h'_{fw}}$$

式中　h_0、h_{ca}——蒸汽在汽轮机中等熵膨胀的初、终焓，kJ/kg；

h'_c、h'_{fw}——凝结水焓和锅炉给水焓，kJ/kg。

当蒸汽初压力低于 10MPa 时，给水泵的耗功及水在水泵中的焓升可以忽略不计，即 $h'_{fw} = h'_c$，于是朗肯循环的热效率可以简化为

$$\eta_t = \frac{w_t}{q_1} = \frac{h_0 - h_{ca}}{h_0 - h'_{fw}}$$

当蒸汽初压力在 10MPa 以上时，水在水泵中的焓升 $\Delta h'_{fw}$ 不能忽略，其计算公式为

$$\Delta h'_{fw} = \frac{1}{\eta_{fw}}(p''_{fw} - p'_{fw})v_{fw}$$

式中　η'_{fw}——不计容积损失的水泵效率，一般在 0.8～0.85 之间；

p''_{fw}、p'_{fw}——水泵出口和入口水的压力，Pa；

v_{fw}——水泵中水的平均比体积，m³/kg。

朗肯循环热效率的数值约在 40%～45%，它反映了纯凝汽式发电厂理想冷源损失的大小，由热工学知识可知，这部分损失是在热功转换过程中必然存在的，在理论上就不可消

除，所以又称为固有冷源损失。

（二）凝汽式发电厂的各种热损失及其效率

发电厂生产的最终目的是生产电能，所以在发电厂生产过程中，最终不能转换为电能的那部分能量，就是发电厂中的热损失。在凝汽式发电厂中，除固有冷源热损失外，整个能量转换过程的不同阶段还存在着产生原因不同、数量大小不等的其他损失。热损失的大小一般用相对应的效率来表示，在某环节中有效利用的能量与输入该环节的总能量之比，即为该环节的效率。

1. 锅炉损失和锅炉效率

在锅炉内的燃料燃烧、热量传递等过程中，主要存在排烟热损失、散热损失、化学不完全燃烧热损失、机械不完全燃烧热损失、灰渣物理热损失等，其中排烟热损失最大，约占总损失的 $40\%\sim50\%$。

锅炉损失的大小用锅炉效率 η_b 来表示，它等于锅炉的热负荷（锅炉有效利用的热量）与输入燃料放热量（燃料在锅炉中完全燃烧时的放热量）之比。对于不计锅炉连续排污热损失的非再热锅炉，其效率为

$$\eta_b = \frac{Q_b}{BQ_{net}} = \frac{D_b(h_b - h'_{fw})}{BQ_{net}}$$

式中　Q_b——锅炉的热负荷，kJ/h；

D_b——锅炉的过热蒸汽流量，kg/h；

h_b——锅炉出口过热蒸汽焓，kJ/kg；

B——锅炉单位时间燃料消耗量，kg/h；

Q_{net}——燃料的低位发热量，kJ/kg。

锅炉效率反映了锅炉中能量利用的完善程度，影响锅炉效率的因素有很多，如锅炉的参数、容量、结构特性、燃料种类及燃烧方式等，需要通过试验来测定，现代大型电站锅炉的效率为 $90\%\sim94\%$。

2. 管道损失和管道效率

锅炉产生的过热蒸汽通过主蒸汽管道进入汽轮机，做功后的蒸汽在凝汽器中凝结成的水经主凝结水管道和给水管道重新回到锅炉。工质流过这些汽水管道时，由于汽水泄漏和管道散热，不可避免地会产生热量损失，这部分损失称为管道损失。显然，管道系统的严密性和保温程度越好，管道损失就越小。

管道损失的大小用管道效率 η_p 来表示，它等于汽轮机组的热耗量 Q_0 与锅炉热负荷 Q_b 之比。纯凝汽式发电厂若不计工质泄漏损失，其管道效率为

$$\eta_p = \frac{Q_0}{Q_b} = \frac{D_0(h_0 - h'_{fw})}{D_b(h_b - h'_{fw})} = \frac{h_0 - h'_{fw}}{h_b - h'_{fw}}$$

式中　Q_0——汽轮机组的热耗量，kJ/h；

D_0——汽轮机的热汽耗量，kg/h。

现代发电厂的管道效率可达 99% 左右。

3. 汽轮机内部损失和汽轮机内效率

蒸汽在汽轮机中膨胀做功时，存在着节流损失、喷嘴损失、动叶损失、余速损失、湿汽损失、漏汽损失、摩擦鼓风损失等，这些损失统称为汽轮机内部损失。该损失的存在，使蒸汽在汽轮机中的实际焓降小于理想焓降，如图 1-10 所示。

汽轮机内部损失的大小用汽轮机相对内效率 η_{ri} 来表示，它等于蒸汽在汽轮机中的实际焓降与理想焓降之比，即

$$\eta_{ri} = \frac{h_0 - h_c}{h_0 - h_{ca}}$$

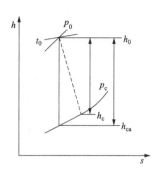

图 1-10 蒸汽在汽轮机中的焓降

式中 h_c——汽轮机的实际排汽焓，kJ/kg。

汽轮机相对内效率反映汽轮机内部结构的完善程度，现代大型汽轮机相对内效率为 $87\% \sim 90\%$。

汽轮机内部损失的能量，最后随排汽进入凝汽器，使凝汽器中的热损失在固有冷源损失的基础上又增加了一部分，所以汽轮机内部损失又称为附加冷源损失。固有冷源损失和附加冷源损失统称为冷源损失，其大小用汽轮机绝对内效率 η_i（又称为实际循环热效率）来表示。汽轮机绝对内效率 η_i 为汽轮机组的实际内功率与汽轮机组的热耗量之比，若不计水泵耗功，则汽轮机组绝对内效率为

$$\eta_i = \frac{3600 P_i}{Q_0} = \eta_t \eta_{ri} = \frac{h_0 - h_{ca}}{h_0 - h'_{fw}} \frac{h_0 - h_c}{h_0 - h_{ca}} = \frac{h_0 - h_c}{h_0 - h'_{fw}}$$

式中 3600——电热当量，1kWh 相当于 3600kJ 的热量；

P_i——汽轮机组实际内功率，kW。

由上式可以看出，汽轮机绝对内效率 η_i 也等于循环热效率 η_t 与汽轮机相对内效率 η_{ri} 的乘积。汽轮机绝对内效率反映了机组冷源损失的大小，其值为 $35\% \sim 49\%$。

4. 汽轮机机械损失和汽轮机机械效率

汽轮机机械损失包括汽轮机支持轴承与轴之间的机械摩擦损失、推力轴承与推力盘之间的机械摩擦损失，以及拖动主油泵和调速器的功率消耗。汽轮机机械损失的存在，使汽轮机实际输出的有效功率（轴功率 P_{ax}）总是小于汽轮机的内功率。汽轮机的机械效率 η_m 为汽轮机轴功率与其内功率之比，即

$$\eta_m = \frac{P_{ax}}{P_i}$$

现代大型汽轮机的机械效率一般为 $98\% \sim 99\%$。

5. 发电机损失和发电机效率

发电机损失包括发电机机械方面的摩擦损失、通风耗功和电气方面的铁损（由于激磁铁芯产生涡流而发热）、铜损（由于线圈具有电阻而发热）等，其大小用发电机效率 η_g 来表示。

发电机效率 η_g 为发电机输出的电功率 P_e 与轴功率 P_{ax} 之比，即

$$\eta_g = \frac{P_e}{P_{ax}}$$

现代大型发电机效率，氢冷一般为 $98\% \sim 99\%$，空冷一般为 $97\% \sim 98\%$，双水内冷一般为 $96\% \sim 99\%$。

6. 发电厂的总效率

发电厂作为一个整体，其总效率等于发电厂有效利用的能量（即输出的电能 P_e）与其消耗的能量（即输入燃料完全燃烧时的放热量）之比，即

$$\eta_{cp} = \frac{3600 P_e}{B Q_{net}}$$

发电厂生产过程中能量转换如图 1-11 所示。

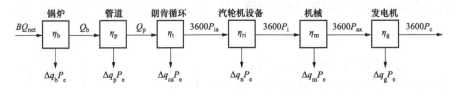

图 1-11　发电厂生产过程中能量转换过程示意

整个发电厂生产过程中能量转换是由六个环节顺序组成的，因而全厂总效率应等于各环节效率的连乘积，即

$$\eta_{cp} = \eta_b \eta_p \eta_t \eta_{ri} \eta_m \eta_g$$

纯凝汽式发电厂总效率 $\eta_{cp} = 25\% \sim 35\%$，可见，在纯凝汽式发电厂中燃料的有效利用程度很低。

（三）发电厂的热平衡

若以生产 1kWh 电能为基础，根据能量守恒定律，可以得出凝汽式发电厂的热平衡式为

$$q_{cp} = 3600 + \Delta q_b + \Delta q_p + \Delta q_{ca} + \Delta q_{ri} + \Delta q_m + \Delta q_g$$
$$= 3600 + \Delta q_b + \Delta q_p + \Delta q_c + \Delta q_m + \Delta q_g$$

其中
$$\Delta q_c = \Delta q_{ca} + \Delta q_{ri}$$

式中　　q_{cp}——凝汽式发电厂热耗率，kJ/kWh；

Δq_b——锅炉热损失，kJ/kWh；

Δq_p——管道热损失，kJ/kWh；

Δq_{ca}——理想冷源热损失，kJ/kWh；

Δq_c——冷源热损失，kJ/kWh；

Δq_{ri}——附加冷源热损失，kJ/kWh；

Δq_m——汽轮机机械损失，kJ/kWh；

Δq_g——发电机损失，kJ/kWh。

某凝汽式发电厂生产过程能量损失如图 1-12 所示。凝汽器损失包括理想冷源热损失和由汽轮机内部引起的附加冷源热损失。

综上所述，可得到以下结论：发电厂的总效率比较低。其主要原因是冷源热损失太大，而冷源热损失的大小取决于热力循环方式和蒸汽的初、终参数。因此，欲提高电厂的热经济性就要尽可能减少冷源热损失，其根本途径是提高蒸汽初参数、降低终参数，采用给水回热加热、蒸汽中间再热和热电联产等。

二、凝汽式发电厂的主要经济指标

（一）汽轮发电机组的热经济指标

1. 汽耗量 D_0 和汽耗率 d_0

纯凝汽式机组，热能转变成电能的热平衡式（功率方程式）为

$$D_0(h_0 - h_c)\eta_m \eta_g = 3600 P_e$$

则有

$$D_0 = \frac{3600 P_e}{(h_0 - h_c)\eta_m \eta_g} \quad \text{kg/h}$$

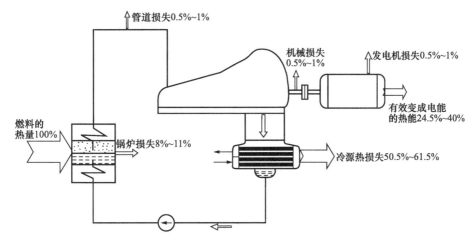

图 1-12 凝汽式发电厂热损失分布

式中 D_0——纯凝汽式机组的汽耗量，kg/h。

汽耗率为每生产 1kWh 电能所消耗的蒸汽量，纯凝汽式机组的汽耗率为

$$d_0 = \frac{D_0}{P_e} = \frac{3600}{(h_0 - h_c)\eta_m\eta_g} \quad \text{kg/kWh}$$

汽轮发电机组的汽耗率一般为 2.5～3.5kg/kWh。

2. 热耗量 Q_0 和热耗率 q_0

纯凝汽式机组的热耗量为

$$Q_0 = D_0(h_0 - h'_{fw}) \quad \text{kJ/h}$$

热耗率为每生产 1kWh 电能所消耗的热量，纯凝汽式机组的热耗率为

$$q_0 = \frac{Q_0}{P_e} = d_0(h_0 - h'_{fw}) \quad \text{kJ/kWh}$$

（二）全厂经济指标

1. 全厂热耗量 Q_{cp} 和热耗率 q_{cp}

$$Q_{cp} = BQ_{net} = \frac{Q_b}{\eta_b} = \frac{Q_0}{\eta_b\eta_p} \quad \text{kJ/h}$$

$$q_{cp} = \frac{Q_{cp}}{P_e} = \frac{3600}{\eta_{cp}} = \frac{q_0}{\eta_b\eta_p} \quad \text{kJ/kWh}$$

式中 q_0——机组的热耗率，kJ/kWh。

我国发电厂热耗率一般为 7000～9000kJ/kWh。

2. 厂用电率 ξ_{ap}

发电厂生产过程中所有辅助设备所消耗的电能（即厂用电量）与同期的发电量之比称为厂用电率，即

$$\xi_{ap} = \frac{P_{ap}}{P_e} \times 100\%$$

式中 P_{ap}——凝汽式发电厂一段时间内所有辅助设备消耗的电功率，kW。

我国发电厂的厂用电率平均为 4%～8%。

3. 全厂煤耗量和煤耗率

（1）煤耗量 B 和煤耗率 b。纯凝汽式发电厂的煤耗量为

$$B = \frac{Q_b}{Q_{net}\eta_b} = \frac{Q_0}{Q_{net}\eta_b\eta_p} = \frac{3600 P_e}{Q_{net}\eta_{cp}} \quad \text{kg/h}$$

煤耗率为每生产 1kWh 电能所消耗的煤量，纯凝汽式发电厂的煤耗率为

$$b = \frac{B}{P_e} = \frac{q_0}{Q_{net}\eta_b\eta_p} = \frac{3600}{Q_{net}\eta_{cp}} \quad \text{kg/kWh}$$

（2）标准煤耗率 b^s。为了便于计算和比较，发电厂煤耗率采用标准煤耗率（1kg 标准煤的低位发热量为 29271kJ）来计算，由此得到发电厂的标准煤耗率为

$$b^s = \frac{q_0}{29270\eta_b\eta_p} = \frac{3600}{29270\eta_{cp}} \approx \frac{0.123}{\eta_{cp}} \quad \text{kg（标准煤）/kWh}$$

实际煤耗率与标准煤耗率的换算关系为

$$b^s = \frac{bQ_{net}}{29270} \quad \text{kg 标准煤/kWh}$$

（3）发电标准煤耗率 b^s 与供电标准煤耗率 b_n^s。发电标准煤耗率为每发出（生产）1kWh 电能所消耗的标准煤量，因此前面所讨论的标准煤耗率即发电标准煤耗率。供电标准煤耗率为每向外供应 1kWh 电能所消耗的标准煤量，即

$$b_n^s = \frac{B^s}{P_e - P_{ap}} = \frac{B^s}{P_e(1 - \xi_{ap})} = \frac{b^s}{1 - \xi_{ap}} \quad \text{kg（标准煤）/kWh}$$

式中　B^s——标准煤耗量，kg/h。

现代凝汽式发电厂发电标准煤耗率为 260～360g（标准煤）/kWh，供电标准煤耗率为 280～380g（标准煤）/kWh。

▶ **能力训练** ◀

1. 分析发电厂最大的热量损失发生所在的热力设备及原因。根据有关计算公式，分析凝汽式发电厂总效率低的原因。

2. 某容量为 300MW 的发电厂，燃用低位发热量为 2.5×10^4 kJ/kg 的燃料，已知全厂总效率为 35%，试计算：（1）该厂的燃料消耗量；（2）发电标准煤耗率。

3. 某容量为 600MW 的发电厂，燃用低位发热量为 2×10^4 kJ/kg 的燃料，已知全厂燃料消耗量为 30×10^4 kg/h，厂用电功率为 30MW。试计算：（1）该厂的厂用电率；（2）全厂效率；（3）供电标准煤耗率。

任务三　提高发电厂热经济性的途径

▶ **任务目标** ◀

能定性分析蒸汽初终参数、回热参数、再热参数对发电厂热经济性的影响，掌握采用回热循环、再热循环对发电厂的意义，熟悉热电联产及燃气-蒸汽联合循环的优越性。

▶ **知识准备** ◀

一、提高蒸汽初参数、降低蒸汽终参数

蒸汽初参数是指进入汽轮机主汽门前的蒸汽压力 p_0 和蒸汽温度 t_0；蒸汽终参数是指汽

轮机的排汽压力 p_c 和排汽温度 t_c，因汽轮机的排汽一般都是湿饱和蒸汽，其压力和温度之间有着一一对应的关系，故蒸汽终参数一般是指汽轮机的排汽压力 p_c，如图 1-13 所示。

电厂总效率 η_{cp} 是说明发电厂热经济性的一项代表性指标，根据公式 $\eta_{cp} = \eta_b \eta_p \eta_t \eta_{ri} \eta_m \eta_g$ 分析，式中 η_b、η_p、η_m 和 η_g 几项与蒸汽参数关系并不大，因此，蒸汽参数对发电厂热经济性的影响主要表现在对循环热效率 η_t 和汽轮机相对内效率 η_{ri} 的影响。

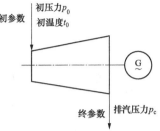

图 1-13　蒸汽初、终参数示意

（一）蒸汽初参数对发电厂热经济性的影响

1. 蒸汽初参数对循环热效率的影响

在其他条件不变的情况下，单独提高蒸汽的初温或初压，都可以提高循环过程的平均吸热温度，使循环热效率提高。若同时提高初压和初温，则循环热效率提高得更多。

图 1-14 所示为具有不同初温度的理想蒸汽循环的 $T-s$ 图，在蒸汽初压和汽轮机背压不变的情况下，单独提高蒸汽的初温度由 T_0 升高到 T_0'，蒸汽循环过程的平均吸热温度由 T_{av} 提高到 T_{av}'，所以循环热效率提高了。

图 1-15 所示为具有不同初压力的理想蒸汽循环的 $T-s$ 图，在蒸汽初温和汽轮机背压不变的情况下，单独提高蒸汽的初压由 p_0 升高到 p_0'，蒸汽循环过程中的平均吸热温度由 T_{av} 提高到 T_{av}'，所以循环热效率提高了。

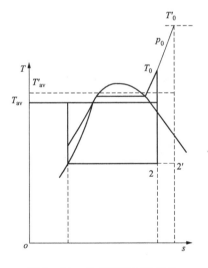

图 1-14　具有不同初温度的
理想蒸汽循环 $T-s$ 图

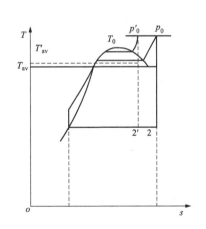

图 1-15　具有不同初压力的
理想蒸汽循环 $T-s$ 图

由以上综合分析，当蒸汽初温度 t_0 和初压力 p_0 同时提高时，循环热效率 η_t 将会大幅度提高。

2. 蒸汽初参数对汽轮机相对内效率的影响

其他条件不变，提高蒸汽初温度 t_0 时，进入汽轮机的蒸汽比体积增大，容积流量增加，汽轮机的叶片高度相应地增加，从而使汽轮机的漏汽损失减少，特别是对于叶片高度很小的高压级，可使漏汽损失明显减少；同时蒸汽初温度的提高可使汽轮机末级叶片的蒸汽湿度减小，从而减小了湿汽损失。所以提高蒸汽初温度 t_0，使汽轮机的相对内效率 η_{ri} 提高。

其他条件不变，提高蒸汽初压力 p_0 时，情况与提高初温度时正好相反，由于进入汽轮机的蒸汽比体积变小和汽轮机末级叶片蒸汽湿度增大，使汽轮机的相对内效率 η_{ri} 降低。

当蒸汽初温度 t_0 和初压力 p_0 同时提高时，使汽轮机相对内效率提高和降低的因素同时起作用，经计算分析可知，提高初压力使汽轮机相对内效率降低的影响总是大于提高初温度使汽轮机相对内效率提高的影响，所以总的效果是使汽轮机的相对内效率 η_{ri} 降低。

3. 蒸汽初参数对全厂效率的影响

蒸汽初参数对汽轮机绝对内效率的影响与机组容量有关，高参数必配大容量。这是因为提高初参数对不同容量机组相对内效率的影响是不同的。若小容量机组采用高参数，蒸汽比体积和质量流量都小，工作叶片也短，高压部分的漏汽损失和叶片端部损失将增加较多，汽轮机相对内效率会显著降低，并超过循环热效率的提高，导致汽轮机绝对内效率降低。同时，提高初参数还增加设备和系统的投资。对于大容量机组，由于进汽流量很大，叶片高度较高，采用高参数使相对内效率降低的较少，而循环热效率提高的幅度较大，汽轮机绝对内效率提高。

从热平衡的角度看，锅炉效率与蒸汽参数无关，可以按照一定的排烟温度和燃烧效率，采用不同大小尺寸的受热面，设计出参数不同而效率相同的锅炉。管道效率与蒸汽参数无关，只要正确地选择管道的直径和隔热保温方法，就可保证管道效率一定。另外，汽轮机的机械效率和发电机效率也与蒸汽参数无关。因此，由发电厂的总效率计算式可知，蒸汽初参数对汽轮机绝对内效率的影响效果就反映出对发电厂效率的影响效果。

4. 提高蒸汽初参数的技术限制

提高蒸汽初参数，不仅要考虑热经济性，还应考虑技术经济效益和运行的安全可靠性，并结合我国冶金和机械制造水平以及产品系列的实际情况，通过全面的技术经济论证后确定。我国发电厂采用的蒸汽初参数见表 1-1。

表 1-1　　　　　　　　　　　　　我国发电厂的蒸汽初参数

级别　　　　　设备参数	锅炉出口		汽轮机进汽		机组额定功率
	p_b	t_b	p_0	t_0	P_e
	MPa	℃	MPa	℃	MW
中参数	3.92	450	3.43	435	6，12，25
高参数	9.9	540	8.83	535	50，100
超高参数	13.83	540/540	13.24	535/535	125
		540/540	12.75	535/535	200
亚临界参数	46.77	540/540	16.18	535/535	300
	18.27*	540/540	16.67	535/535	300，600
超临界参数	25.3	541/569	24.2	538/566	600
超超临界参数	27.46	605/603	26.25	600/600	1000

* 锅炉带最大连续负荷（MCR）超压 5% 的压力值。

提高蒸汽初温度受动力设备金属材料强度的限制。当初温度升高时，金属材料的强度极限、屈服点和蠕变极限都会降低，而且在高温下，金属会发生氧化、腐蚀、结晶裂化，导致动力设备零件强度大大降低，另外，蒸汽初温度高，就要求使用耐温程度高、价格昂贵的金属材料，使设备造价和蒸汽管道投资增加。由此可见，进一步提高蒸汽初温度的可能性主要取决于冶金工业在生产新型耐热合金钢及降低其生产费用方面的进展。从发电厂技术经济方面和运行可靠性考虑，中低压机组的蒸汽初温度大多选取 390～450℃，以便广泛采用价格较为便宜的碳素钢，高压及其以上机组的蒸汽初温度一般选取 500～565℃，目前我国多采用 535℃，这样可以避免采用价格昂贵的奥氏体钢材，而采用低合金元素的珠光体钢材。虽然奥氏体钢比珠光体钢耐温程度高（奥氏体钢可以在 580～600℃的高温下使用，而珠光体钢可以在 550～570℃的温度下使用），但奥氏体钢价格高、膨胀系数大、导热系数小、加工和焊接比较困难，且其对温度变化的适应性、抗蠕变和抗锈蚀的能力都比较差，所以目前倾向于多用珠光体钢，因而把蒸汽初温度限制在 550～570℃以下。

提高蒸汽初压力主要受到汽轮机末级叶片最大允许湿度的限制。在其他条件不变时，随着蒸汽初压力的提高，蒸汽膨胀终了时的湿度是不断增加的。这一方面会使汽轮机相对内效率降低，影响设备运行的经济性，同时还会引起汽轮机叶片的浸蚀，降低其使用寿命，危害设备运行的安全性。根据汽轮机末级叶片金属材料的强度计算，一般凝汽式汽轮机末级叶片最大允许湿度不超过 12%～14%；调节抽汽式汽轮机，因其凝汽流量较少，最大允许湿度可到 14%～15%；大型凝汽式汽轮机，其终了湿度常限制在 10%以下。

（二）蒸汽终参数对发电厂热经济性的影响

1. 排汽压力对循环热效率的影响

由热工学知识可知，降低排汽压力 p_c，可使循环热效率 η_t 明显升高，如图 1-16 所示。

2. 排汽压力对汽轮机相对内效率的影响

由图 1-16 可以看出，降低排汽压力 p_c，将使汽轮机末级叶片的蒸汽湿度有所增加，从而使汽轮机相对内效率 η_{ri} 有所降低，同时对汽轮机末级叶片的使用寿命也有不利的影响。

3. 排汽压力对发电厂热经济性的影响

理论计算可以表明，排汽压力 p_c 降低时，循环热效率 η_t 提高的幅度将远远大于汽轮机相对内效率 η_{ri} 降低的幅度，即发电厂的总效率依然是提高的。并且，蒸汽终参数的降低比蒸汽初参数的提高对机组热经济性的影响更大，经理论计算，排汽压

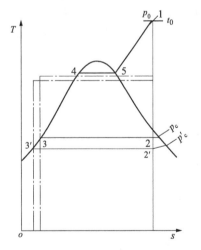

图 1-16　不同排汽压力下的理想蒸汽循环 T-s 图

力从 0.006MPa 降低到 0.004MPa 时，可使发电厂总效率提高 2.2%。

合理的排汽压力不仅要考虑热经济性，还应考虑汽轮机、凝汽器以及冷却水系统等投资和运行费用，通过全面的技术经济比较来确定。我国大型凝汽式机组设计排汽压力为 0.0049～0.0054MPa。

4. 降低排汽压力受到的限制

与提高蒸汽初参数类似，降低蒸汽终参数也要受到一些具体条件的限制。降低蒸汽终参

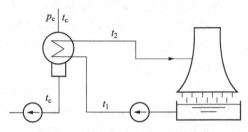

图 1-17 降低排汽压力受到的限制

数主要受自然条件和技术条件的限制。

从自然条件看,汽轮机的排汽温度 t_c 只能等于或大于当地冷却水温度 t_1(见图 1-17),绝对不可能低于这个温度,该温度称为理论极限,即

$$t_c = t_1$$

从技术条件看,因冷却水流量不可能无限大,则冷却水在凝汽器中吸收热量后温度将升高 $\Delta t = t_2 - t_1$(一般为 6~12℃);因凝汽器的冷却面积不可能无限大,则冷却水出口温度 t_2 必低于排汽温度 t_c,凝汽器存在传热端差 $\delta t = t_c - t_2$(一般为 3~7℃)。所以汽轮机排汽温度应为

$$t_c = t_1 + \Delta t + \delta t$$

该排汽温度称为技术极限。汽轮机的排汽压力 p_c 与排汽温度 t_c 是一一对应的,则汽轮机排汽压力的高低取决于冷却水的进口温度、冷却水量、凝汽器冷却管束的清洁程度等。

二、采用给水回热加热

（一）给水回热加热的应用和意义

从正在运转的汽轮机的某些中间级抽出做过部分功的蒸汽,送至回热加热器来加热锅炉给水的过程,称为给水回热加热(简称为回热)。与之对应的循环称为回热循环,由汽轮机中间级抽出的蒸汽称为回热抽汽。若汽轮机只有一级回热抽汽则称为单级回热;若汽轮机具有两级及以上回热抽汽则称为多级回热,单级回热循环的热力系统如图 1-18 所示。

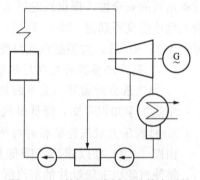

图 1-18 单级回热循环的热力系统

1. 给水回热加热的应用

自 20 世纪 20 年代开始应用以来,给水回热加热现已成为蒸汽动力循环的基本构成部分,广泛应用于热力发电厂中,一般单机容量在 6000kW 以上的机组均采用给水回热加热。现代发电厂均采用多级回热,国产回热机组的回热级数如表 1-2 所示。

表 1-2　　　　　　　　　一般回热机组的回热级数和给水温度

电功率	P_e（MW）	50、100	200	125	300、600	300
进汽参数	p（MPa）	8.83	12.75	13.24	16.18	16.18
	t（℃）	535	535/535	550/550	535/535	550/550
回热级数	Z（级）	6、7	7、8		7、8	
给水温度	t_{fw}（℃）	210~230	220~250		247~275	
效率相对增长	$\Delta\eta = \dfrac{\eta_i^h - \eta_i}{\eta_i}$	11~13	14~15		15~16	

注　η_i^h 为回热循环绝对内效率。

2. 给水回热加热的意义

采用给水回热加热可以提高循环热效率 η_t。一是由于回热抽汽的热能利用程度提高了,回热抽汽到回热加热器中加热锅炉给水，从而使汽轮机排汽量减少，减小了冷源损失；二是由于利用汽轮机抽汽的热能提高了锅炉的给水温度，使给水在锅炉中的平均吸热温度升高，从而提高了循环热效率。

采用给水回热加热可以提高汽轮机相对内效率 η_{ri}。回热机组的进汽量比同功率的纯凝汽式机组的进汽量大，这就要求汽轮机高压部分的叶片高度增大，从而可以减少漏汽损失；回热机组的排汽量比同功率的纯凝汽式机组的排汽量小，则可以改善汽轮机低压部分的工作条件，减少湿汽损失和排汽的余速损失。

因此，采用给水回热加热一定能够提高机组的热经济性。

（二）影响回热过程热经济性的主要因素

影响回热过程热经济性的主要因素有：①给水的最终加热温度 t_{fw}；②回热加热级数 Z；③多级回热给水总焓升（温升）在各加热器间的加热分配 Δh（Δt）。

1. 给水的最终加热温度 t_{fw}

我们知道，提高给水温度，可以提高给水在锅炉中的平均吸热温度，从而提高循环热效率。但给水温度的高低是与相应的抽汽压力相对应的，给水温度越高，要求的抽汽压力就越高，这会使抽汽做功量减少，凝汽做功量增加，冷源损失增加，反而会降低机组的热经济性。因此给水的最终加热温度应该存在一个最佳值。

（1）理论上的最佳给水温度 t'_{fw}。对机组而言，其热经济性的高低用汽轮机绝对内效率表示。根据回热机组绝对内效率的表达式 $\eta_i^h = \dfrac{w_0}{D_h(h_0 - h'_{fw})}$ 可以看出，总存在一个最佳的给水温度 t'_{fw}（对应的焓值为 h'_{fw}）可以使 η_i^h 最大。我们把回热机组的绝对内效率为最大值时的给水温度，称为理论上最佳给水温度 t'_{fw}。

（2）经济上最有利的给水温度 t_{fw}。给水温度的选择，不仅要考虑回热过程的热经济性，还应考虑其他因素，综合比较各方面的经济效果以确定经济上最有利的给水温度。从技术经济角度看，提高给水温度，若不改变锅炉的受热面，则排烟温度升高，排烟热损失增大，锅炉效率降低；若不使排烟温度升高，就需要增大锅炉尾部受热面，增加投资。所以，经济上最有利的给水温度要比理论上的最佳给水温度低，一般取为 $t_{fw} = (0.65 \sim 0.75)\, t'_{fw}$。

国产凝汽式机组的回热级数和给水温度见表 1-3。

2. 回热加热级数 Z

确定了给水的最终加热温度，可以通过两种方式将给水加热到该数值。一是用单级高压抽汽一次加热给水至给定温度；二是用若干级不同压力的抽汽逐级加热给水至给定温度，如图 1-19 所示。

经计算表明，不同的抽汽压力下每千克抽汽在加热器中凝结放出的热量都相差不多，因此，对于相同的给水最终加热温度，所需的抽汽量与抽汽级数几乎没有关系。在机组功率相同的条件下，采用多级回热加热给水，可以利用较低压力的回热抽汽对给水进行分段加热，使抽汽做功量增加，凝汽做功量减少，从而减少冷源损失，提高机组的热经济性。

图 1-20 所示为在不同回热加热级数下回热循环热效率与给水温度的关系，由图可知：①随着回热级数的增加，循环热效率是不断提高的；②随着回热级数的增加，回热热经济性提高的幅度是递减的（循环热效率的相对提高值 $\Delta\eta_t$ 是逐渐减小的）；③一定的回热级数对应一最佳给水温度，且回热级数越多，最佳给水温度就越高；④曲线的最高点附近是比较平

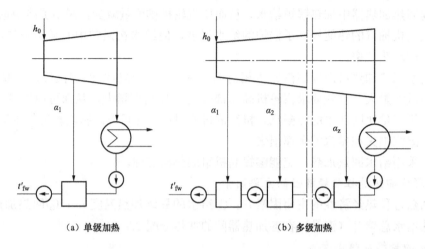

（a）单级加热　　　　　　　　　（b）多级加热

图 1-19　单级加热与多级加热示意 $\left(\alpha_j \approx \sum\limits_{j=1}^{z} \alpha_j\right)$

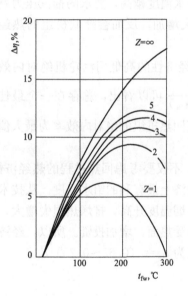

图 1-20　在不同回热加热级数下回热
循环效率与给水温度的关系

坦的，这表明实际给水温度少许偏离最佳给水温度时，对系统热经济性的影响并不大。

在实际选择回热级数时，还应考虑到回热加热级数的增加意味着设备投资的增加，系统复杂。因此回热机组一般也不采用过多的回热级数（国产机组一般不超过八级），具体机组所采用的回热级数往往要通过技术经济比较来确定，表 1-2 也列出了部分国产机组的回热级数。

3. 多级回热给水总焓升（温升）在各加热器间的加热分配 Δh（Δt）

当回热级数和给水温度一定时，凝结水在回热系统中的总焓升（温升）就一定了。但给水的总焓升（温升）在各级加热器之间可以有不同的分配方案，其中存在着一种最佳分配方案，使回热过程的热经济性最高。

常用的分配方法有等焓升分配法、几何级数分配法、等焓降分配法等，虽然这些分配方法是在不同的简化和假定条件下得到的，但计算结果差别并不大，通常工程中常采用等焓升分配法。

等焓升分配法是把给水总的加热量平均分配到各级加热器中，此时每一级加热器的给水焓升为

$$\Delta h = \frac{h_{bh}^0 - h_c'}{Z+1} = \frac{h_{fw}' - h_c'}{Z}$$

式中　　h_{bh}^0——锅炉工作压力下饱和水焓，kJ/kg；

h_c'——凝结水焓，kJ/kg。

理论上最佳给水温度与回热级数、给水回热分配有密切关系。最佳给水温度是最佳回热分配的结果，若采用等焓升分配法，由于在低温范围内，水的焓约等于水温的 4.1868 倍，

则最佳给水温度为

$$t'_{fw} = t_c + Z \cdot \Delta t = t_c + \frac{Z(t_{bh}^0 - t_c)}{Z+1}$$

式中 Δt——以等焓升分配法计算出的给水在每一加热器的温度升高值,℃;

t_c——凝结水温度,℃。

三、采用蒸汽中间再热

(一)蒸汽中间再热及其应用

根据汽轮机课程所学知识可以知道,现代大容量汽轮机的汽缸都采用多缸结构,一般分
为高压缸、中压缸和低压缸。将在汽轮
机高压缸做过功的蒸汽送入锅炉再热器
再一次加热,蒸汽温度提高后再进入汽
轮机中、低压缸继续膨胀做功,这个过
程称为蒸汽中间再热。与之对应的循环
称为蒸汽中间再热循环,其热力系统如
图 1-21 所示。

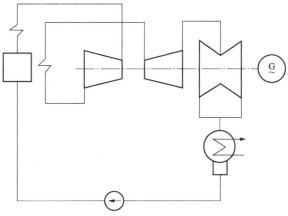

采用朗肯循环时,提高蒸汽初压力
将会使汽轮机排汽干度减小,这样不仅
降低汽轮机的相对内效率,而且蒸汽中
的水滴冲蚀汽轮机叶片,危及其运行安
全。采用蒸汽中间再热的主要目的是提

图 1-21 再热循环的热力系统

高汽轮机排汽干度,从而为进一步提高蒸汽初压力创造条件,以增大单机容量,提高机组效
率。另外,采用蒸汽中间再热还是现代火电厂提高循环热效率的一个重要手段。

现代火力发电厂一般是利用锅炉的高温烟气来加热再热蒸汽,锅炉受热面布置有再热
器。由于蒸汽是通过再热蒸汽管道往返于锅炉房与汽轮机房之间,带来了一些不利影响。首
先是蒸汽在管道中流动,产生蒸汽压力降低,使再热热经济效益减少约 $1.0\% \sim 1.5\%$;
其次是再热器及再热管道中储存了大量蒸汽,一旦汽轮机甩负荷,若不及时采取措施,会引
起汽轮机超速。为了保证机组的安全,在采用烟气再热蒸汽法的同时,汽轮机必须配置灵敏
度高和可靠性好的调节系统,并增设必要的旁路系统。再热机组大多采用一次中间再热。

2016 年初,由山东电力咨询院有限公司设计的世界首台再热温度为 620℃/620℃的二次
再热百万千瓦机组(华能莱芜电厂 6 号机组,主蒸汽参数为 31MPa/600℃)投入试运行。
半年试运行期间,该机组发电效率为 48.12%,发电煤耗为 255.29g/kWh,供电煤耗为
266.18g/kWh,三项指标均刷新了当时的世界纪录。

(二)蒸汽中间再热参数

由图 1-22 可以看出,再热循环可以看作是由基本循环(朗肯循环)1-2'-3-5-6-1
和附加循环 b-2-2'-a-b 复合而成的。设基本循环的循环热效率为 η_t,循环吸热量为 q_0;
附加循环的热效率为 η_f,循环吸热量为 q_f,则再热循环的热效率为

$$\eta_t^{rh} = \frac{q_0 \eta_t + q_f \eta_f}{q_0 + q_f} = \frac{\eta_t + \dfrac{q_f}{q_0} \eta_f}{1 + \dfrac{q_f}{q_0}}$$

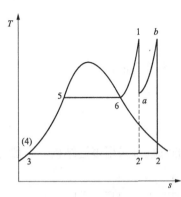

图 1-22　再热循环的 $T\text{-}s$ 图

再热引起的热效率相对变化 $\delta\eta$ 为

$$\delta\eta = \frac{\eta_{\mathrm{t}}^{\mathrm{rh}} - \eta_{\mathrm{t}}}{\eta_{\mathrm{t}}} = \frac{\eta_{\mathrm{f}} - \eta_{\mathrm{t}}}{\eta_{\mathrm{t}}\left(\dfrac{q_0}{q_{\mathrm{f}}} + 1\right)} \times 100\%$$

分析上式知：附加循环的热效率 η_{f} 大于基本循环（朗肯循环）的热效率 η_{t} 是采用再热提高循环热效率的基本条件；基本循环（朗肯循环）的热效率 η_{t} 越低，再热加入的热量 q_{f} 越大，再热循环热效率提高越多。

要使 $\delta\eta$ 获得较大的正值，主要取决于再热参数的合理选择。再热参数包括再热压力、再热温度和再热压损，这些参数都直接影响着再热循环热经济性的高低。

1. 再热温度

再热温度是指再热后的蒸汽温度，一般是进入中压缸的蒸汽温度。由图 1-22 可以看出，在其他参数不变的前提下，对于附加循环而言，再热蒸汽温度越高，再热过程平均吸热温度就越高，附加循环的热效率也就越高，因此，再热温度的提高将使循环热效率提高。再热蒸汽温度每提高 10℃，可提高再热循环热效率 0.2%～0.3%。当然，再热温度的提高也要受电厂金属材料强度的限制，采用烟气一次再热的，一般选取再热蒸汽温度与新蒸汽温度相同。

2. 再热压力

再热压力是指再热过程中的蒸汽压力，一般是高压缸的排汽压力。由图 1-22 可以分析，再热压力提高，过程线 $a\text{-}b$ 将向上移，在再热温度一定的条件下，一方面因附加循环的平均吸热温度提高使附加循环的热效率 η_{f} 提高，有利于提高再热循环热效率；另一方面又降低了再热过程加入的热量 q_{f}，不利于提高再热循环热效率。这两个矛盾着的因素同时起作用，结果必定存在一个最佳的再热压力，在这个压力下可以使再热循环的热效率 $\eta_{\mathrm{t}}^{\mathrm{rh}}$ 达到最大值。当再热温度等于新蒸汽温度时，最佳再热压力约为新蒸汽压力的 18%～26%，即 $p_{\mathrm{rh}} = (18\% \sim 26\%)\, p_0$。当再热前有回热抽汽时，取 18%～22%；再热前无回热抽汽时，取 22%～26%。

3. 再热压损

再热蒸汽在通过再热器和往返管道时，因流动阻力而造成的压力损失称为再热器的压损（Δp_{rh}）。减少再热压损可提高机组的热经济性，但却需要加大管径，增加金属消耗量和投资费用。通常取 Δp_{rh} 为高压缸排汽压力的 8%～12%。

再热参数的选择必须进行严格的技术经济比较后确定，中间再热机组的再热蒸汽参数见表 1-3。

表 1-3　　　　　　　　　　国产中间再热机组的再热参数

汽轮机型号	冷段参数		热段参数		p_{rh}/p_0（%）
	压力（MPa）	温度（℃）	压力（MPa）	温度（℃）	
N125-13.24/550/550	2.55	331	2.29	550	19
N200-12.75/535/535	2.47	312	2.16	535	19
N300-16.18/550/550	3.58	337	3.225	550	22

续表

汽轮机型号	冷段参数		热段参数		p_{rh}/p_0 （%）
	压力（MPa）	温度（℃）	压力（MPa）	温度（℃）	
N600-16.67/537/537	3.71	316.2	3.34	537	22
N1000-25.0/600/600	4.97	350.6	4.47	600	18

采用蒸汽中间再热将使汽轮机的结构、布置及运行方式复杂，金属耗量及造价增加，对调节系统要求提高，设备投资和维护费用增加，因此，通常只在 100MW 以上的大功率、超高参数的机组上才采用蒸汽中间再热。

四、采用热电联产

热电联合能量生产简称为热电联产，它是相对于热电分别能量生产（简称为热电分产）而言的。

1. 热电分产

如图 1-23 所示，由凝汽式发电厂供应电能、供热锅炉供应热能，或锅炉产生的蒸汽一部分只用于凝汽式汽轮发电机组供应电能、另一部分经减温减压后只用于供应热能，这种热力设备只供应单一能量（热能或电能）的生产方式，称为热电分产。

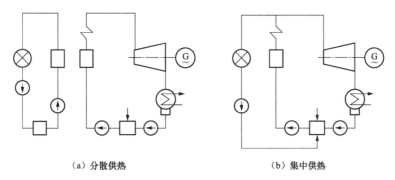

（a）分散供热　　　　　　　　　　（b）集中供热

图 1-23　热电分产热力系统

由图 1-23 所示的生产过程可以看出，一方面，在凝汽式汽轮发电机组热功转化过程中必然产生的低品位热能（汽轮机排汽的热能）未被有效利用，白白在凝汽器中损失掉；另一方面，在锅炉中燃料的化学能直接转化为低品位的热能供给热用户，造成了高品位能量的大幅度无效贬值。因此，热电分产对一次能源的使用是极其不合理的。

不难想象，如果利用发电（热功转化）过程中产生的副产品——低品位热能向热用户供热，则用能的合理性将大大提高。

2. 热电联产及其生产方式

利用在汽轮机中做过功的蒸汽向热用户供热，这种既生产电能又生产热能的生产方式，称为热电联产。采用热电联产生产方式的发电厂称为热电厂。在热电联产基础上的集中供热称为热化。

所谓"在汽轮机中做过功的蒸汽"不外乎两种情况，一种是汽轮机的排汽，另一种是汽轮机中间抽汽。它们对应着热电联产的两种基本生产方式：背压式汽轮机供热和调节抽汽式汽轮机供热。

背压式汽轮机供热［见图 1-24（a）］是一种简单的、纯粹的热电联产形式，其优点是无冷源损失，从理论上讲循环热效率和机组绝对内效率均可达到100％，热经济性最高。另外，它不设置凝汽器，系统简单，投资少。其缺点是电负荷与热负荷相互制约，不能独立调节，运行不灵活，并且背压式机组适应性差，热负荷变化时，电负荷将会剧烈变化，机组相对内效率会显著降低。

　　除非具有长期稳定的热负荷，否则不宜单独采用背压式汽轮机供热，常见的是背压式汽轮机与凝汽式汽轮机并列运行，如图1-24（c）所示。

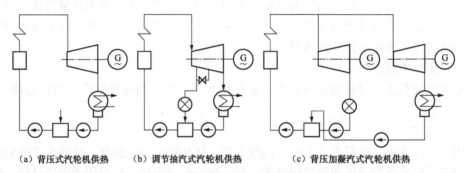

　　　（a）背压式汽轮机供热　　　（b）调节抽汽式汽轮机供热　　　（c）背压加凝汽式汽轮机供热

图1-24　热电联产的生产方式

　　调节抽汽式汽轮机供热，如图1-24（b）所示，可以通过改变凝汽流量在较大范围内调节电负荷，而不受热负荷的影响，能同时满足电、热负荷的需要，该生产方式在目前的热电厂中应用最为广泛。其特点是：①由于同时存在凝汽发电和热化发电，故整个机组的热经济性比背压式机组低，比凝汽式机组高；②调节抽汽的回转隔板（或调节阀）增加了节流损失，使供热机组的相对内效率低于凝汽式机组；③若偏离设计工况太远，汽轮机相对内效率将降低，特别是在纯凝汽式工况下运行时，热经济性最差。

　　3. 热电联产的优点及存在的问题

　　热电联产具有以下突出优点：

　　（1）节约燃料。为减少或避免热量在冷源中的损失，这些热损失的全部或部分用来供给热用户，并且高效率的大型锅炉代替了低效率的小型锅炉，从而节省大量燃料。用小型工业锅炉或采暖炉，其平均运行效率仅为50％～60％，这既浪费能源，又污染环境。而热电联产的锅炉效率一般为75％～90％，其热效率大大高于前者。大型火电厂的热效率只有36％～39％，而热电厂全厂热效率均大于45％，热电联产节能效益是显而易见的。

　　（2）提高供热质量，改善劳动条件。热电联产的集中供热，使供热设备相对集中，供热设备的容量比较大，供热管网的规模比较大，因此，适应热用户负荷变化的能力比较强。压力工况和水力工况的波动随热负荷变化的影响比较小，从而提高了供热质量。同时，因供热设备的大型化，提高了热电厂的机械化和自动化的程度，改善了工人的劳动条件，减轻了劳动强度，因此，可以减少劳动力，节省运行费用。

　　（3）减轻环境污染。热电厂一般建在市郊，采用高效除尘器和脱硫脱硝设备，可减轻环境污染，改善城市卫生条件。

　　（4）减少了分散锅炉及其煤场、灰场所占用的土地，并减轻了城市运煤运灰的工作量。

　　热电联产也存在一些问题：因受供热距离限制，热电厂必须建在热负荷密集的工业区和城市附近，当热负荷较小时，供热机组运行经济性会显著降低。热电厂的工质损失一般远大于凝汽式发电厂，使水处理设备的投资和运行费用增加，对外供热能力减小，还会降低热力设备运行的安全可靠性。

▶ **知识拓展** ◀

燃气-蒸汽联合循环

由于燃气-蒸汽联合循环具有热效率高、建设费用低、运行可靠、符合环保要求和运行高度灵活等诸多优点，并且随着我国西气东输工程和电网高峰的需要，燃气-蒸汽联合循环机组应用越来越广泛。

如图 1-25 所示，燃气-蒸汽联合循环机组的主要设备有：压气机、燃烧室、燃气轮机、余热锅炉、汽轮机、发电机、凝汽器等。其工作过程是：压气机将外界空气压缩到某一压力和温度后，将其送入燃烧室与喷入的燃料混合燃烧产生高温高压燃气，燃气进入燃气轮机中膨胀做功，直接带动发电机发电，这就是燃气循环。燃气轮机的排气导入余热锅炉，用于产生高温高压蒸汽驱动汽轮机带动发电机发电。汽轮机排汽再进入凝汽器中放热，凝结水又送入余热锅炉，形成蒸汽动力循环。

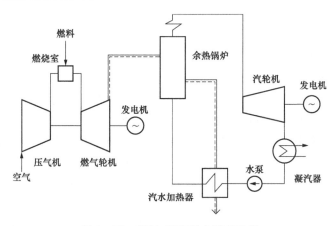

图 1-25 燃气-蒸汽联合循环示意

当今世界上以天然气为燃料的联合循环发电厂的净效率达 55%。德国西门子公司（Siemens）和瑞士 ABB 公司已推出效率为 58%的联合循环系列产品。美国通用电气公司（GE）和西屋公司（Westinghouse）则更上一层楼，不但推出了效率为 58%的联合循环产品，而且推出了突破 60%效率的联合循环设计。

燃气-蒸汽联合循环的主要特点：

（1）热经济性高。由于燃气-蒸汽联合循环既增加了总输出功率，又利用了燃气轮机和蒸汽轮机的优势，从而使整个循环的热效率提高。

（2）节省水量。由于燃气轮机不像蒸汽轮机需要大量的循环水冷却乏气，所以与同功率蒸汽动力循环相比，用水量较少，适应缺水地区和坑口电厂的需要。

（3）减轻公害。如果燃气用工业废气或煤气，燃气轮机排出的热量又能得到充分利用，可减少对环境的污染。

> 能力训练 ◀

1. 分析高参数必须配大容量机组的原因。

2. 何谓给水回热加热？发电厂采用给水回热加热有何意义？分析影响回热过程热经济性的因素。

3. 何谓蒸汽中间再热？其目的是什么？分析再热参数对机组热经济性的影响。

4. 绘图说明热电联产的基本生产方式有哪几种？各有何特点？分析热电联产的优越性。

5. 归纳总结，提高发电厂热经济性的途径有哪些？

任务四　发电厂原则性热力系统

> 任务目标 ◀

掌握发电厂原则性热力系统的组成和连接方式，熟悉单元机组机炉的容量配置原则，能熟练识读并绘制典型机组的原则性热力系统图。

> 知识准备 ◀

一、发电厂原则性热力系统的拟定

（一）发电厂原则性热力系统及其组成

在热力设备中，工质按热力循环顺序流动的系统称为发电厂原则性热力系统，它表示工质流过时状态参数发生变化的各种必须热力设备及设备之间的主要联系。发电厂原则性热力系统图是以规定的符号表明工质在完成热力循环时必须流经的各种热力设备之间连接的线路图，故同类型同参数的设备在图上只表示一个，备用的设备和管道、附属机构都不画出，除额定工况时所必须的附件（如定压运行除氧器进汽管上的调节阀）外，一般均不表示。

原则性热力系统实质上表明工质的能量转换及热量利用的过程，反映了电厂能量转换过程的技术完善程度和热经济性的高低。通过对原则性热力系统的定性分析，可了解电厂热力循环的形式（如回热循环、再热循环及供热循环）、蒸汽的初终参数、疏水方式以及废热回收利用等对电厂经济性的影响。

原则性热力系统主要由下列各局部热力系统组成：主蒸汽及再热蒸汽系统、再热机组的旁路系统、主凝结水系统、除氧给水系统、回热抽汽系统、疏水系统、补充水系统、小汽轮机的热力系统、锅炉排污利用系统等，对于供热机组还包括对外供热系统。

（二）发电厂原则性热力系统的拟定步骤

1. 确定发电厂的形式及规划容量

根据国家的经济发展计划和区域的发展规划与要求以及上级下达的任务，通过综合的技术经济比较及可行性研究，论证并确定发电厂的性质及其规划容量。发电厂的性质包括发电厂的形式（凝汽式或供热式、新建或扩建）及其在电网中的作用，即是否并入电网，是承担基本负荷、中间负荷还是调峰负荷。地区只有电负荷，应建凝汽式电厂。若地区还兼有热负荷，应根据近期热负荷和规划热负荷的大小、特性，通过技术比较，当热电联产比建坑口电厂供电、集中锅炉房供热方案更为经济合理时，则应建热电厂。

根据电网结构及其发展规划，燃料资源及供应状况，供水条件、交通运输、地质地形、地震及占地拆迁、水文、气象、废渣处理、施工条件及环境保护要求和资金来源等。通过综合分析比较确定电厂规划容量、分期建设容量及建成期限。涉外工程要考虑供货方式或订货方所在国的有关情况。

2. 汽轮机和锅炉的形式、容量及参数的确定

发电厂的机、炉容量应根据系统规划容量、负荷增长速度和电网结构等因素进行选择。最大机组容量不宜超过系统总容量的 10%，对于负荷增长较快的形成中的电力系统，可根据具体情况并经过技术经济论证后选用较大容量的机组。对于已形成的较大容量的电力系统，应选用高效率的 300、600MW 和 1000MW 机组，这些大容量机组的供电煤耗率一般低于 330g/kWh。为便于生产管理，电厂机组的总台数以不超过六台，机组容量等级以不超过两种为宜。同容量机炉宜采用同一形式或改进形式，其配套设备的形式也宜一致。各汽轮机制造厂生产的汽轮机形式、单机容量及其蒸汽参数是通过综合的技术经济比较或优化确定的。选定汽轮机单机容量，其蒸汽初参数也随之确定。

当有供热需要且供热距离与技术经济条件合理时，应优先选用高参数大容量的抽汽供热式机组；当冬季采暖负荷较大时，应选用单机容量为 200、300MW 的凝汽-采暖两用机，使供热机组的初参数接近或等于系统中的主力机组，以节省更多的燃料；全年有稳定可靠的热负荷时，应选用背压式机组或带抽汽的背压式机组，并应与抽汽式供热机组配合使用，以保证安全经济运行。

根据电力负荷的需要，凝汽式发电厂应采用单元制（一机一炉制），不设备用锅炉，这就要求锅炉与汽轮机的容量和参数相匹配。

通常把汽轮机长时间（几千小时）连续运行的最大负荷称为额定负荷或最大连续负荷（MCR），汽轮机在额定进汽参数、额定真空、无厂用抽汽、补水率为 0、额定冷却水温度、全部回热加热器投入运行且达到规定的给水温度时发出额定功率，称为额定工况或最大连续负荷工况，这时的汽耗量为额定汽耗量。国际上常把额定负荷或最大连续负荷作为考核负荷，把进汽阀门（VWO）全开或再加 5% 超压时的负荷作为最大可能负荷，故最大可能负荷一般高出额定负荷约 10%，这时的汽耗量相对于汽轮机额定汽耗量的裕度将为 3%～10%（如不考虑超压 5% 工况，只考虑调节汽阀全开工况的机组，则其裕度小于 8%）。所以，锅炉的最大连续蒸发量基本上是汽轮机最大可能负荷时的汽耗量。例如，我国生产的引进型 600MW 汽轮机组，锅炉最大连续蒸发量为汽轮机额定汽耗量的 112%。

考虑到锅炉房到汽轮机房管道系统的压降和散热损失，大容量机组的锅炉过热器出口额定蒸汽压力应为汽轮机额定进汽压力的 105%，过热器出口额定蒸汽温度应比汽轮机额定进汽温度高 3℃，再热器出口额定蒸汽温度应比汽轮机中压缸额定进汽温度高 3℃。表 1-4 为部分机组的汽轮机、锅炉参数及容量配置情况。

表 1-4　　　　　　　　部分机组汽轮机、锅炉及容量配置

汽轮机（凝汽式）			锅　炉		
型　号	容量（MW）	参数（MPa/℃）	型　号	容量（t/h）	参数（MPa/℃）
N12-35-1	12	3.5/435	75/39/450	75	3.9/450

续表

汽轮机（凝汽式）			锅　　炉		
型　　号	容量（MW）	参数（MPa/℃）	型　　号	容量（t/h）	参数（MPa/℃）
N100-90-535	100	9.0/535	HG410/100-8	410	10.0/540
N135-13.2/535/535	135	13.2/535 3.3/535	SG420/13.7/M417	420	13.7/540 3.32/540
N200-12.75/535/535	200	12.75/535 2.26/535	HG670/13.73-4	670	13.73/540 2.50/540
N300-16.18/550/550	300	16.18/550 3.11/550	SG1000/16.67/555	1000	16.67/550 3.24/550
N600-16.18/535/535	600	16.18/535 3.21/535	HG2050/16.67-1	2050	16.67/540 3.27/540
N1000-25/600/600	1000	25/600 4.25/600	DG3000/26.15-Ⅲ	3033	26.25/605 4.89/603

锅炉的形式一般选用自然循环汽包锅炉，对于超高参数以上机组，经论证合理时可采用直流锅炉、多次强制循环汽包锅炉和低循环倍率锅炉。

热电厂锅炉选择原则与凝汽式电厂有所不同，因为热负荷只有靠本厂或地区热网来供应，而电负荷却有电网作备用，故应考虑热电厂在锅炉检修或事故时，仍能保证工艺热负荷的可靠供应。对于采暖通风热负荷考虑到建筑物的蓄热能力允许稍有降低。由于有热负荷，供热式汽轮机的耗汽量远大于同容量的凝汽式汽轮机，或有两炉配一机、三炉配两机等不同配置方案，应通过技术经济比较论证确定，并满足热化系数在合理的范围内。

3. 绘出发电厂原则性热力系统图

可根据汽轮机制造厂提供的该机组本体汽水系统和选定的锅炉形式来绘制原则性热力系统图。此时循环参数（主蒸汽和再热蒸汽的压力、温度，排汽压力）、回热参数（回热级数及其抽汽压力、温度，最终给水温度和各级加热器的形式）及其疏水方式都已确定。在这种情况下，绘制原则性热力系统图主要是确定：汽包锅炉的连续排污利用方式，除氧器的形式和工作压力、除氧器定压或滑压运行方式，是否采用前置泵，给水泵的形式及其连接方式，补充水补入热力系统方式（引入除氧器或凝汽器），辅助设备（如轴封冷却器、暖风器）及其连接方式的选择等。对于热电厂还要进行载热质的选择、供热方式的确定、供热设备及其连接方式的确定。

4. 进行发电厂原则性热力系统计算

进行几个典型工况的原则性热力系统计算及全厂热经济性指标的计算。

5. 选择热力辅助设备

有些热力辅助设备是随锅炉、汽轮机成套供应的。不随锅炉、汽轮机成套供应的热力辅助设备，主要有除氧器及其水箱、凝结水泵组、给水泵组、锅炉的排污扩容器等。这些辅助设备应根据最大工况时原则性热力系统计算所得的各项汽水流量，按照 GB 50049—2011《小型火力发电厂设计规范》、GB 50660—2011《大中型火力发电厂设计规范》的要求，结合辅助热力设备的产品规范,合理选择。

二、原则性热力系统举例

1. N300 - 16.67/537/537 型机组原则性热力系统

图 1 - 26 所示为引进美国西屋公司技术,上海汽轮机厂制造的 N300 - 16.67/537/537 型汽轮机,配置 SG1025/17.65 型强制循环汽包炉的原则性热力系统。该机组有八段不调整抽汽,回热系统由三台高压加热器、一台滑压运行的高压除氧器和四台低压加热器组成。各高低压加热器均设有疏水冷却段,三台高压加热器及低压加热器 H5 内设有蒸汽冷却段。加热器的疏水采用逐级自流方式,不设疏水泵,高压加热器的疏水逐级自流进入除氧器,低压加热器的疏水逐级自流进入凝汽器。该系统简单、运行可靠、热经济性较好。

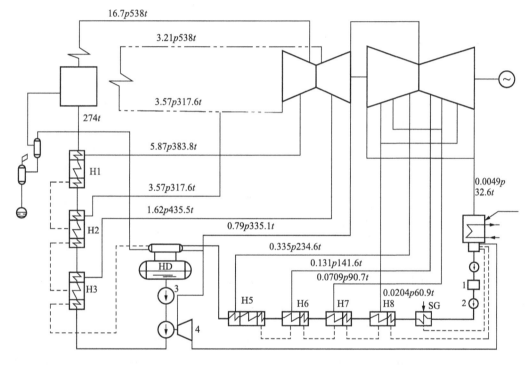

图 1 - 26 N300 - 16.67/537/537 型机组原则性热力系统
1—除盐装置;2—凝结水升压泵;3—给水泵的前置泵;4—小汽轮机

系统设有汽动给水泵,其汽源来自四段抽汽,小汽轮机的排汽进入主凝汽器中。为防止给水泵汽蚀,在每台给水泵入口前还设有前置泵。为保证亚临界压力锅炉的汽水品质,在凝结水泵出口设有凝结水除盐设备,其后设有凝结水升压泵。

锅炉采用一级连续排污利用系统,不设排污水冷却器,其浓缩排污水送入定期排污扩容器中,经定期排污扩容器扩容降压后排出。

额定工况时,该机组的设计热耗率为 7921kJ/kWh。

2. 超临界压力 600MW 机组原则性热力系统

图 1 - 27 所示为成套引进超临界压力 600MW 机组原则性热力系统。锅炉是由瑞士苏尔寿公司和美国 GE 公司供应的,超临界压力、一次中间再热、螺旋管圈、四角燃烧、变压运

行的直流锅炉。汽轮机由瑞士ABB公司提供，为单轴四缸、四排汽、反动、凝汽式汽轮机。
该机组有八段不调整抽汽，分别供给三台高压加热器、一台除氧器和四台低压加热器。高压
加热器H1、H3和低压加热器H5设有蒸汽冷却段，各回热加热器内均设有疏水冷却段。疏
水采用逐级自流方式，高压加热器的疏水逐级自流进入除氧器，低压加热器疏水逐级自流进
入凝汽器，轴封加热器的疏水也流入凝汽器热井。

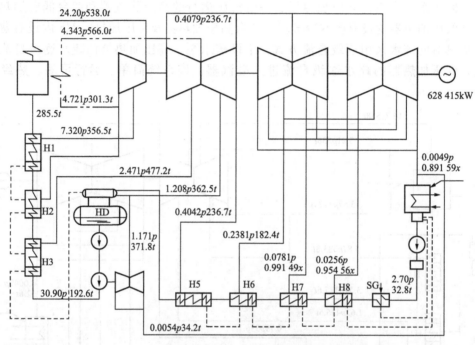

图 1-27　超临界压力 600MW 机组原则性热力系统

　　系统设有汽动给水泵，小汽轮机为双流式，其正常工作汽源为四段抽汽，排汽进入主凝
汽器。

　　额定工况时，机组设计热耗率为 7640kJ/kWh。

　　3. 超超临界压力二次再热 N1000/31（TMCR）/600/620/620 型机组原则性热力系统

　　图 1-28 所示为超超临界压力二次再热 N1000/31（TMCR）/600/620/620 型机组原则
性热力系统。

　　机组中 2752t/h 锅炉由哈尔滨锅炉厂有限责任公司制造，锅炉最大连续蒸发量（BMCR
工况）2752.2t/h，锅炉的蒸汽参数为 32.87MPa/605℃，一、二次再热蒸汽温度均为
620℃，为超超临界参数变压运行、二次中间再热、平衡通风、露天布置、固态排渣、全钢
构架、全悬吊结构塔式直流锅炉。汽轮机由上海汽轮机有限公司设计制造，采用德国西门子
公司技术，汽轮机本体由超高压缸、高压缸、中压缸和两只低压缸串联布置组成。汽轮机型
式为超超临界、二次中间再热、单轴、五缸四排汽、双背压、十级回热抽汽、反动凝汽式，
其主蒸汽压力为 31MPa，主蒸汽温度为 600℃，一次再热蒸汽压力为 9.97MPa，一次再热
蒸汽温度为 620℃，二次再热蒸汽压力为 3.05MPa，二次再热蒸汽温度为 620℃。该机组设
计热耗为 7042kJ/kWh，发电标准煤耗率为 258.20g/kWh。

　　该机组设有十级非调整抽汽，各级抽汽参数如表 1-6 所示。一、二、三、四级抽汽分

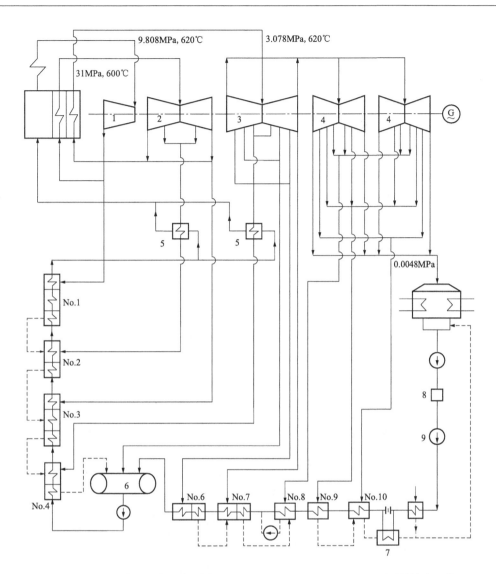

图 1-28 超超临界压力二次再热 N1000/31/600/620/620 型机组原则性热力系统
1—超高压缸 SHP；2—高压缸 HP；3—中压缸 IP；4—低压缸 LP；5—外置式蒸汽冷却器；6—除氧器；
7—外置式疏水冷却器；8—除盐装置；9—凝结水升压泵

别向四级高压加热器（高压加热器采用双列布置）供汽（同时三级抽汽也向给水泵汽轮机和辅助蒸汽系统提供备用汽源）。五级抽汽向除氧器（除氧器为内置式）和给水泵汽轮机提供正常工况用汽。六至十级抽汽分别向五台低压加热器供汽，同时六级抽汽也为辅助蒸汽系统提供正常工况用汽。各高压加热器均设置有过热蒸汽冷却段和疏水冷却段，其中二号和四号高压加热器设置了外置式过热蒸汽冷却器。六号和七号低压加热器设置有疏水冷却段，九号和十号低压加热器设置了一个共用的疏水冷却器。高压加热器的疏水逐级自流，疏水最后流入除氧器。六号低压加热器疏水自流入七号低压加热器，七号低压加热器疏水自流入八号低压加热器，八号低压加热器疏水由疏水泵打入七号低压加热器凝结水进口管道。九号和十号低压加热器疏水共同流入低加疏水冷却器后再进入凝汽器热水井，轴封加热器的疏水也流入凝结器热水井。

各级抽汽参数如表1-5所示。

表1-5					各 级 抽 汽 参 数					
参数	一级抽汽	二级抽汽	三级抽汽	四级抽汽	五级抽汽	六级抽汽	七级抽汽	八级抽汽	九级抽汽	十级抽汽
压力（MPa）	10.43	6.5	3.4	1.8	1.07	0.74	0.4	0.13	0.05	0.02
温度（℃）	418	537	442	535.5	454.3	401.5	319.4	196.9	121	63

4. 亚临界压力 CC330/263-16.7/1.0/0.5/537/537 供热机组介绍

图1-29所示为亚临界压力 CC330/263-16.7/1.0/0.5/537/537 供热机组原则性热力系统。

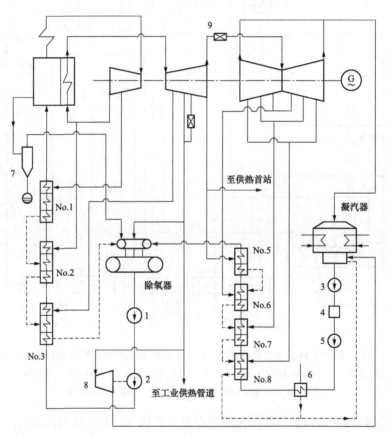

图1-29　亚临界 CC330/263-16.7/1.0/0.5/537/537 供热机组原则性热力系统
1—给水泵的前置泵；2—给水泵；3—凝结水泵；4—除盐装置；5—凝结水升压泵；
6—轴封加热器；7—排污扩容器；8—给水泵汽轮机；9—调节阀

机组中1110t/h锅炉是由东方锅炉（集团）股份有限公司设计制造的亚临界压力、中间一次再热、自然循环汽包炉，锅炉的蒸汽参数为17.4MPa/541℃。锅炉为单炉膛平衡通风、四角切圆燃烧、固态排渣，采用挡板调节再热汽温、尾部双烟道结构。汽轮机是由东方汽轮机有限公司生产的亚临界、单轴、三缸（高压缸、中压缸、低压缸）双排汽、一次中间再热抽凝式供热机组，主蒸汽压力为16.67MPa，主蒸汽温度为537℃，再热蒸汽压力为

3.246MPa，再热蒸汽温度为537℃。汽轮机额定功率（铭牌）330MW，额定供热工况下汽轮机功率263.2MW。

该机组为电液调节方式，高、中压缸采用分缸布置，高、中、低压转子都为整锻式，具有两级可调整抽汽（工业抽汽和采暖抽汽）和六级不可调整抽汽。汽轮机通流部分共有28级，其中高压缸1个调节级+8个压力级，中压缸9个压力级，低压缸2×5个压力级。

汽轮机具有独立的高压缸和中压缸，低压部分为双流、双排汽的低压缸。因进汽参数较高，为减小汽缸应力，增加机组启停及变负荷的灵活性，高压缸设计为双层缸，低压缸为对称分流式三层缸结构。

汽轮机具有八级抽汽，分别供给三台高压加热器，一台除氧器和四台低压加热器。其中两级可调节抽汽：工业抽汽设置在中压缸第六级后，即中压第七级隔板为可调整旋转隔板，运行时通过油动机带动旋转隔板的转动环旋转，改变转动环窗口的相对位置，调整和控制供热抽汽压力与流量，满足工业抽汽的要求，设计抽汽量为150t/h，两个$\phi630×14$mm工业抽汽口设在中压缸下半部（中压第六级后）。采暖抽汽设置在中压缸第九级后，中、低压连通管上设有供热调节阀，采用高压抗燃油控制系统控制调节阀开度，调节采暖抽汽流量和抽汽压力，设计采暖抽汽量为250t/h，两个$\phi820×12$mm抽汽口设在中压缸下半部（中压缸第九级后）。为防止发生甩负荷事故工况时，抽汽管道上的阀门因故障不能关闭，供热系统的蒸汽大量倒灌，造成机组严重超速事故的发生，工业抽汽和采暖抽汽管道上除设置一个止回阀和电动阀外，均还串连一个具有快关功能的调节阀（图1-29中均未表示），该快关阀由高压抗燃油控制系统控制。

各高压加热器都设置蒸汽冷却段和疏水冷却段，低压加热器都设置疏水冷却段。疏水采用疏水自流方式，高压加热器的疏水逐级自流进入除氧器，低压加热器的疏水逐级自流进入凝汽器。

该系统设有汽动给水泵，其正常工作汽源为汽轮机第四级抽汽，排汽进入主凝结器。

额定工况时，汽轮机排汽压力为0.0049MPa，机组设计热耗为7894kJ/kWh。

在THA供热工况下，汽轮机各级抽汽参数如表1-6所示。

表1-6　　　　　　　　　各级抽汽参数

参数	一级抽汽	二级抽汽	三级抽汽	四级抽汽	五级抽汽	六级抽汽	七级抽汽	八级抽汽
压力（MPa）	5.793	3.72	1.834	0.981	0.5	0.111	0.057	0.027
温度（℃）	382.5	355.8	452.2	362	286.7	214	144.9	76.6

5.CC-25-90型供热机组的原则性热力系统

图1-30所示为CC-25-90型供热机组的原则性热力系统。该机组共有六级抽汽，分别送入两台高压加热器、一台高压除氧器和三台低压加热器。高压加热器的疏水逐级自流进入除氧器，低压加热器的疏水逐级自流进入低压加热器H6后，再用疏水泵送入该加热器出口的主凝结水管道。为提高系统的热经济性，在低压加热器H4后设置了一台疏水冷却器。该机组的回热系统还连接有一台轴封加热器和一台射汽式抽气冷却器，分别用于冷却汽轮机轴封漏汽和射汽式抽气器射出的蒸汽，以回收工质和热量，它们的凝结水各自流入凝汽器。

该机组的第三、第五级抽汽为可调整抽汽，它们分别供生产热用户和采暖热用户用热，其调整抽汽压力分别为0.8～1.3MPa和0.07～0.25MPa。生产热用户的回水由回水泵送入

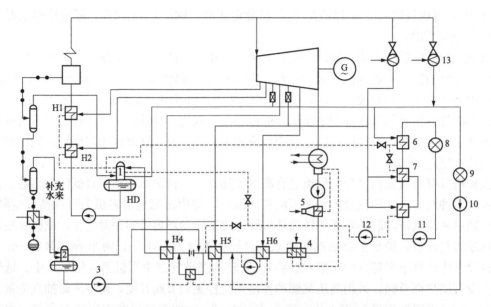

图 1-30　CC-25-90型供热机组的原则性热力系统

1—高压除氧器；2—大气式除氧器；3—补充水泵；4—轴封加热器；5—射汽抽气器冷却器；6—高峰热网加热器；
7—基本热网加热器；8—采暖热用户；9—生产热用户；10—回水泵；11—热网水泵；
12—基本热网加热器疏水泵；13—减温减压

低压加热器H6出口的主凝结水管道。采暖供热由两个基本热网加热器和一个高峰热网加热器组成。经常性采暖季节只运行基本热网加热器，使用第五级抽汽（第二级调整抽汽）。冬季最冷时，投入高峰热网加热器，使用第三级抽汽（第一级调整抽汽）。热网回水形成单独的系统，由热网水泵维持其循环。基本热网加热器的疏水逐级自流后由疏水泵送入低压加热器H5出口的主凝结水管道或高压除氧器，高峰热网加热器的疏水流入基本热网加热器或除氧器。热用户的备用汽源为主蒸汽经减温减压装置调整后的合格蒸汽。

为保证给水质量，采用两级除氧系统，设有高压除氧器和大气式除氧器，它们分别用第三级和第五级抽汽作为加热汽源。补充水经排污冷却器加热后送入大气式除氧器除氧，而后再用补充水泵送入低压加热器H5出口的主凝结水管道。

锅炉设有两级连续排污利用系统，高压扩容蒸汽送入高压除氧器，低压扩容蒸汽送入大气式除氧器，浓缩后的排污水经排污水冷却器冷却后排入地沟。

三、热经济性综合比较

不同形式、不同容量机组的参数、热耗率和发电标准煤耗率等数值见表1-5。从表中可以看出：再热机组比非再热机组的热耗率和发电标准煤耗率有显著的降低，热经济性明显提高，并且随着机组容量的增大，机组所选用的参数越来越高，机组的热耗率和发电标准煤耗率不断减少，热经济性逐步提高。这也是近年来发展大容量、高参数机组的原因。

▶ 能力训练 ◀

1. 绘制CC-25-90型供热机组的原则性热力系统图，标注各主要热力设备的名称，表述其汽水流程。

2. 绘制亚临界压力CC330/263-16.7/1.0/0.5/537/537供热机组原则性热力系统图，

标注各主要热力设备的名称，表述其汽水流程。

　　3. 绘制超超临界压力二次再热 N1000/31（TMCR）/600/620/620 型机组原则性热力系统图，标注各主要热力设备的名称，表述其汽水流程。

　　4. 绘制 N600 - 16.7/537/537 型机组的发电厂原则性热力系统图，标注各主要热力设备的名称，表述其汽水流程。

综 合 测 试

一、名词解释

　　1. 凝汽式发电厂；2. 热电厂；3. 汽轮发电机组的汽耗率；4. 汽轮发电机组的热耗率；5. 标准煤耗率；6. 供电标准煤耗率；7. 厂用电率；8. 给水回热加热；9. 蒸汽中间再热循环；10. 热电联产；11. 电力弹性系数；12. 一次能源；13. 二次能源；14. 抽水蓄能电厂

二、填空

　　1. 朗肯循环由四个热力过程组成：＿＿＿＿＿＿＿＿＿＿＿＿＿＿＿＿＿＿＿＿＿＿；＿＿＿＿＿＿＿＿＿＿＿＿＿＿＿＿＿；＿＿＿＿＿＿＿＿＿＿＿＿＿＿＿＿＿；＿＿＿＿＿＿＿＿＿＿＿＿＿＿＿＿＿。

　　2. 凝汽式发电厂存在的各种热损失是：＿＿＿＿＿＿＿＿＿、＿＿＿＿＿＿＿＿＿、＿＿＿＿＿＿＿＿＿、＿＿＿＿＿＿＿＿、＿＿＿＿＿＿＿＿＿、＿＿＿＿＿＿＿＿＿。

　　3. 提高蒸汽初温度，使汽轮机的绝对内效率＿＿＿＿＿＿＿；提高蒸汽初压力，使汽轮机末级叶片的排汽湿度＿＿＿＿＿＿＿；使汽轮机的相对内效率＿＿＿＿＿＿＿＿＿。

　　4. 提高初温度受到＿＿＿＿＿＿＿＿＿＿＿＿＿＿＿＿＿＿＿的限制；提高初压力受到＿＿＿＿＿＿＿＿＿＿＿＿＿＿＿的限制，但采用＿＿＿＿循环可以解决这一问题。

　　5. 降低汽轮机的排汽压力可＿＿＿＿＿＿＿＿＿循环热效率，同时使循环水量＿＿＿＿＿＿＿。

　　6. 影响回热过程热经济性的因素有＿＿＿＿＿＿＿＿、＿＿＿＿＿＿＿＿、＿＿＿＿＿＿＿＿。

　　7. 在利用回热抽汽时，抽汽的压力越低，机组的热经济性就越＿＿＿＿＿＿＿＿＿。

　　8. 采用中间再热提高热效率的基本条件是＿＿＿＿＿＿＿＿＿大于＿＿＿＿＿＿＿＿＿。

　　9. 热电联产生产方式主要有＿＿＿＿＿＿＿＿＿＿＿和＿＿＿＿＿＿＿＿＿＿＿。

三、问答

　　1. 简述朗肯循环的热力过程，其循环效率反映了什么？

　　2. 纯凝汽式发电厂效率很低的根本原因是什么？

　　3. 提高发电厂热经济性的途径有哪些？

　　4. 给水回热加热的意义是什么？

　　5. 蒸汽中间再热的目的是什么？

　　6. 什么是燃气-蒸汽联合循环？有哪些形式？各有什么特点？

　　7. 凝汽式发电厂机组容量选择及机炉容量配置的原则是什么？

项目二　发电厂主要辅助设备

> **项目目标** ◀

掌握回热加热器、除氧器和凝汽器的基本结构、工作原理及工作过程。

任务一　回 热 加 热 器

> **任务目标** ◀

掌握加热器的结构、工作原理及工作过程，能进行加热器连接方式的热经济性分析。

> **知识准备** ◀

一、回热加热器的类型

回热加热器是利用汽轮机抽汽加热凝结水或给水的换热设备。

（一）按传热方式分

回热加热器按其传热方式可分为混合式加热器和表面式加热器。

1. 混合式加热器

在混合式加热器中，加热蒸汽与给水直接接触混合，将热量传给给水，提高了给水温度，如图 2-1（a）所示。这种加热器可以将给水加热到加热蒸汽压力下的饱和温度（没有传热端差），因此热经济性高，并且结构简单，造价低，便于汇集不同温度的疏水。但混合式加热器所组成的回热系统复杂，这是因为每个混合式加热器后都要设置水泵，才能将给水送入下一级压力更高的加热器中，如图 2-1（b）所示。为保证系统的安全性，还要设置备用水泵和容量大并有足够高度的给水箱，并且增加了给水泵台数，使厂用电率增加。

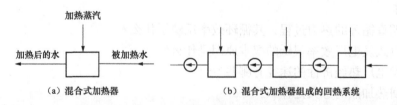

（a）混合式加热器　　　（b）混合式加热器组成的回热系统

图 2-1　混合式加热器及其组成的回热系统

2. 表面式加热器

在表面式加热器中，加热蒸汽是通过金属壁面加热给水的，如图 2-2（a）所示。由于传热壁面不可能足够大以及存在传热热阻，给水一般不能被加热到加热蒸汽压力下的饱和温度。通常把加热蒸汽的饱和温度与给水的出口温度之差称为表面式加热器的传热端差。由于传热端差的存在，表面式加热器的热经济性较混合式加热器低。但表面式加热器所组成的回热系统简单，所需设置的水泵少，节省厂用电，安全可靠，如图 2-2（b）所示。

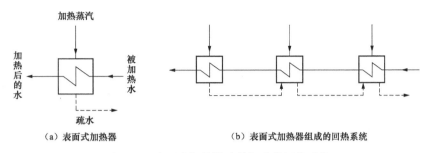

图 2-2　表面式加热器及其组成的回热系统

（二）按水侧压力分

回热加热器按水侧压力的高低可分为高压加热器和低压加热器。按凝结水的流动方向，在除氧器之前的加热器，由于其水侧承受的压力比较低，故称为低压加热器；除氧器之后，由于给水经给水泵进一步升压，加热器水侧所承受的压力很高，故称为高压加热器，如图 2-3 所示。

（三）按布置方式分

回热加热器按其布置方式可分为卧式加热器和立式加热器。

卧式加热器的传热效果好。这是因为蒸汽在管外凝结放热时，横管凝结水水膜所形成的附面层厚度较竖管薄，对流换热表面传热系数较大。卧式加热器水位比较稳定，在结构上便于布置蒸汽冷却段和疏水冷却段，有利于提高热经济性，并且安装检修方便。因此，300MW 及以上容量的机组广泛采用卧式加热器。

立式加热器的传热效果不如卧式加热器好，但它占地面积小，便于布置，200MW 及以下容量的机组普遍采用立式加热器。

现代电厂实际应用的给水回热加热系统中，一般只有除氧器为混合式加热器，而高压加热器和低压加热器都采用表面式的，如图 2-3 所示。本书后文中提到的回热加热器一般为表面式加热器，图 2-4 和图 2-5 所示分别为加热器的外观及加热器的传热管束。

二、回热加热器的结构

（一）高压加热器

由于高压加热器水侧工作压力很高，所以其结构比较复杂。目前，我国常用的主要有管板——U 形管式和联箱-螺旋管式两种加热器。联箱-螺旋管式加热器虽然运行可靠，但因其存在体积大、耗材料多、管壁厚、热阻及水阻大、热效率低、检修劳动强度大等缺点，故在现场应用较少。现仅介绍电厂中广泛采用的 U 形管式高压加热器。

1. 卧式高压加热器

图 2-6 所示为卧式管板-U 形管式高压加热器结构示意。该加热器由水室、壳体和 U 形管束等组成。

（1）水室。为方便检修，同时保证高压加热器运行时的严密性，现代大型机组采用焊接的水室结构。焊接水室按结构不同又分为人孔盖式〔见图 2-7（a）〕和密封座式〔见图 2-7（b）〕两种。

人孔盖式水室结构的作用原理与锅炉汽包的人孔门盖板相同。人孔盖及活动接头与水室

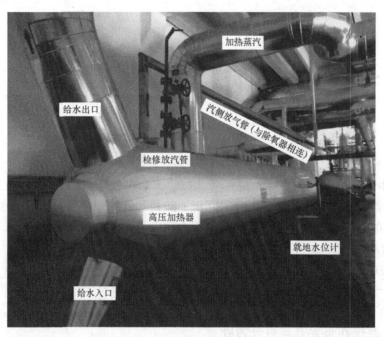

图 2-4 加热器的外观

图 2-5 加热器的传热管束

壁连接，加热器运行时，孔盖借助于给水压力，由内向外压紧，起到密封作用，其结构简单、密封可靠。

图 2-6 所示的卧式高压加热器的水室为人孔盖式结构。在水室的给水入口侧，装有稳流板，其作用是消除 U 形管进水涡流，从而减小对管道入口处的冲蚀。有的高压加热器采用在给水进口端的管口内装设不锈钢衬套的办法，减弱管口进水处的冲刷腐蚀，这种办法较为可靠。进、出给水是通过分流隔板隔开的，分流隔板焊接在管板上，避免了由封头直接焊接而导致的较高局部应力。封头上开有放气孔，供设备启动时放气用。此外，在水室上还设有水侧安全阀和化学清洗接头。

密封座式水室结构，是利用进入加热器内的水的压力作用在密封座上起密封作用的。其优点是检修方便，水室冷却快；缺点是水室受力大，水室壁较厚，材料消耗多且加工工作量大。

（2）壳体。卧式高压加热器的壳体呈圆筒形，是由合金钢板卷制并与冲压的椭圆形封头焊接而成。外壳上焊有各种不同规格的对外接管。为便于壳体的拆移，在壳体上还安装有拉耳和滚轮。

（3）传热面。加热器传热面由胀接或焊接在管板上的 U 形管束组成。现代大容量机组采用的高压加热器的管板很厚（为 300~655mm），而管壁相对很薄，为加强它们之间的严密性，采用了先进的氩弧焊爆胀管工艺。管束用专门的骨架固定形成一个整体，便于从壳体里抽出。给水由进口连接管进入水室，流过 U 形管束吸热后进入水室出口侧，通过出水管

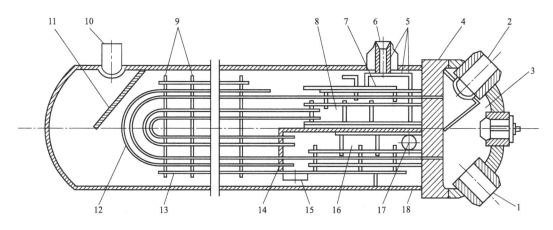

图 2-6　卧式管板—U形管式高压加热器结构示意

1、2—给水进、出口；3—水室；4—管板；5—遮热板；6—蒸汽进口；7—防冲板；8—过热蒸汽冷却段；
9—隔板；10—上级疏水进口；11—防冲板；12—U形管；13—拉杆和定距管；14—疏水冷却段端板；
15—疏水冷却段进口；16—疏水冷却段；17—疏水出口；18—壳体

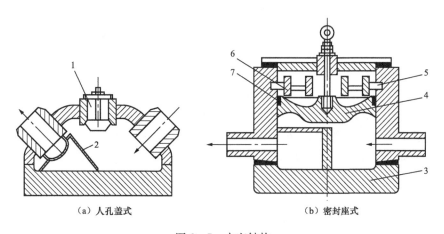

（a）人孔盖式　　　　　　　　　　　　（b）密封座式

图 2-7　水室结构

1—压力密封人孔；2—独立的分流隔板；3—管板；4—密封座；5—均压四合环；6—垫圈；7—密封环

流出。加热蒸汽在管束外凝结放热后，形成的疏水经疏水装置进入下一级加热器。

　　为充分利用加热蒸汽的过热度，降低疏水的出水温度，提高热经济性，通常把高压加热器的传热面设置为过热蒸汽冷却段、蒸汽凝结段和疏水冷却段三部分。

　　过热蒸汽冷却段布置在给水出口流程侧。它利用具有较大过热度的过热蒸汽的过热热量加热较高温度的给水，给水吸收了蒸汽的过热热量，其温度可升高到接近或等于、甚至超过加热蒸汽压力下的饱和温度，从而减小了高压加热器的传热端差（传热端差可降为负值）。该段受热面用包壳板、套管和遮热板封闭起来，这不仅使该段与加热器主要汽侧部分形成内部隔离，而且避免过热蒸汽与管板、壳体等的直接接触，有利于保护管板和壳体。为防止过热蒸汽对管束的直接冲刷，在该段的蒸汽进口处还设有防冲板。蒸汽进入该段后，在一组隔板的导向下，以适当的速度均匀地流过管束。在蒸汽离开该段时，留有一定的过热度，以防止湿蒸汽对管束的冲蚀。

　　也有的高压加热器将这部分受热面设计成一个单独的加热器，称为外置式蒸汽冷却

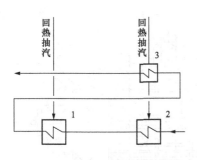

图 2-8 外置式蒸汽冷却器系统
1、2—加热器；3—外置式蒸汽冷却器

器，如图 2-8 所示。它被广泛应用于前苏联和法国的机组上，我国早期的 300MW 机组高压加热器也采用过这种形式。

蒸汽凝结段是利用蒸汽凝结时放出的汽化潜热加热给水的。过去国产加热器上设置的隔板，可以引导汽流呈 S 形均匀地经过管束，流向加热器尾部。其实由于这时的传热过程是有相变的对流换热过程，工质流速的大小对换热已不太重要，因此现在加热器蒸汽凝结段的隔板已不这样设计，而是在上部留有一定的蒸汽通道，使蒸汽沿着加热器长度方向均匀分布，并自上而下地流动凝结，隔板主要起着支撑管束和防振的作用。

不凝结气体通常是由位于管束中心并沿整个凝结段布置的排气管或内置式排气装置排出。凝结的疏水和上一级高压加热器来的疏水聚集在壳体的最低部位，不断地流向疏水冷却段。为防止上一级高压加热器疏水流入时对本级加热器管束的冲刷及引起振动，在加热器尾部装有防冲板。

疏水冷却段位于给水进口流程侧，蒸汽凝结水在这里可以被温度较低的给水冷却到低于加热器内蒸汽压力对应的饱和温度。疏水由加热器壳体较低处的疏水进口通过虹吸作用吸入该段，在一组隔板的引导下流经管束，最后从位于该段顶部在壳体侧面的疏水口流出。这种疏水出口管的设置，是便于在运行前排放残余气体。目前疏水冷却段的设计通常采用两种方式：一是该段由包壳板及一定的疏水水位密封，如图 2-6 所示；另一种是由包壳板密封该段的所有管子。前者由于管束浸入水中，有一部分管子成为无效传热面积，因此传热面利用率低，结构不紧凑，但对水位波动的要求较低。后者疏水不浸没传热面，结构紧凑，但对水位的波动要求较高，一般采取适当增加虹吸口深度及运行中将疏水水位保持在正常水位线附近的措施，减少虹吸口露出水面的机会。端板的作用是防止凝结段的蒸汽进入疏水冷却段。也有的加热器将这部分受热面设计成一个单独的加热器，称为外置式疏水冷却器，如图 2-9 所示。

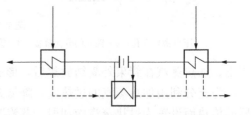

图 2-9 设置外置式疏水冷却器的系统

具有过热蒸汽冷却段、蒸汽凝结段和疏水冷却段的高压加热器，使蒸汽的热能得到了合理的利用。此类型加热器蒸汽的定压放热过程和给水升温过程如图 2-10 所示。

2. 立式高压加热器

图 2-11 所示为设置有过热蒸汽冷却段的立式管板—U 形管式高压加热器。其结构和工作原理类似于卧式加热器，依靠本级加热器与相邻的下一级加热器的压力差，使疏水在加热器内由下向上流动。有些机组的高压加热器只有蒸汽凝结段，其结构相对比较简单。

（二）低压加热器

低压加热器的结构和工作原理类似于高压加热器。由于低压加热器所承受的压力和温度远低于高压加热器，因此不仅所用的材料次于高压加热器，而且结构上也比较简单。

1. 卧式低压加热器

卧式低压加热器主要由壳体、水室、U形管束、隔板、防冲板等组成，并设计成可拆卸壳体结构，以便于检修时抽出管束，如图 2-12 所示。壳体由钢板焊接成圆筒后再与法兰焊成一体，并与短接法兰连接而成。水室由钢板焊制成的圆筒通过法兰与大平端盖连接，再焊接在管板上构成。壳体材料为碳钢，管板、大平端盖和壳体法兰的材料为低合金，U形管材料为不锈钢。

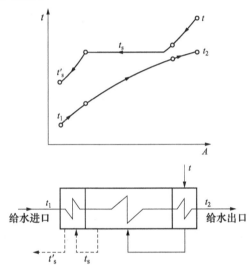

图 2-10　具有过热蒸汽冷却段、蒸汽凝结段和疏水冷却段的加热器给水温升

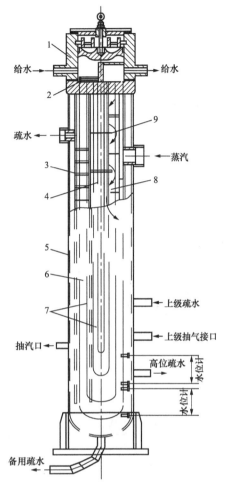

图 2-11　设置有过热蒸汽冷却段的立式管板—U形管式高压加热器

1—水室；2—导流装置；3—包壳；4—蒸汽凝结段；5—壳体；6—疏水冷却段；7—管束；8—过热蒸汽冷却段；9—蒸汽冷却段隔板

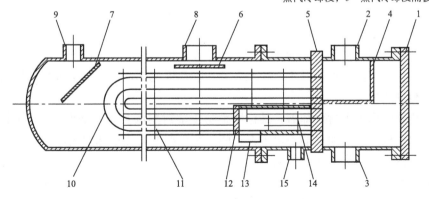

图 2-12　卧式低压加热器

1—端盖；2、3—给水进、出口；4—水室分隔板；5—管板；6、7—防冲板；8—蒸汽进口；9—上级疏水进口；10—U形管；11—隔板；12—疏水冷却段端板；13—疏水冷却段进口；14—疏水冷却段；15—疏水出口

大容量机组的卧式低压加热器的传热面一般设计成两个区段：蒸汽凝结段和疏水冷却段。在国产机组上，对抽汽过热度较大的低压加热器，也设置过热蒸汽冷却段。

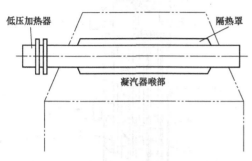

图 2-13　布置在凝汽器喉部的低压加热器

300、600MW 及 1000MW 等大容量机组的末级和次末级低压加热器常组合在一起（即复合低压加热器）布置在凝汽器接颈处（喉部），如图 2-13 所示。这是因为末级和次末级的抽汽压力已经很低，其抽汽口常对着凝汽器，而且由于容积流量很大，需使用大直径管道。如国产 300MW 机组的两台并列运行的末级低压加热器抽汽是由四根 $\phi 529 \times 9mm$ 的管道引出，如此大直径的管道布置非常困难，内置式布置可解决上述问题。

内置式低压加热器为卧式、管板-U 形管束、四流程，其结构如图 2-14 所示。加热器的蒸汽室由四块隔板分成五段，蒸汽从一端分两路引入加热器，同时进入这五个小室加热凝结水。疏水由加热器底部的疏水管引出，经 U 形水封管进入凝汽器。加热器管束下部装有滑轮，可抽出检修和调换。

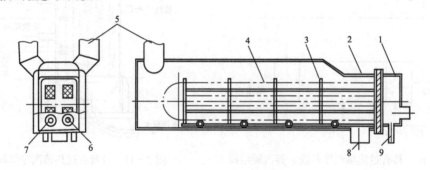

图 2-14　内置式低压加热器

1—水室；2—壳体；3—隔板；4—管束；5—进汽口；6、7—凝结水进、出口；8—疏水出口；9—水侧放水口

2. 立式低压加热器

立式低压加热器的结构如图 2-15 所示，它应用于被加热水压力约在 7.0MPa 以下的场合，因此 200MW 及以下容量机组的低压加热器多采用这种结构。加热蒸汽从加热器外壳的上部进入加热器汽侧，借导向板的作用，使汽流在加热器中呈 S 形向下流动，在管子的外壁凝结放热，将热量传给被加热的水，疏水汇集在加热器底部，经疏水装置自动排出。

三、轴封加热器

轴封加热器又称为轴封冷却器，其作用是防止轴封蒸汽及阀杆漏汽（汽-气混合物）从汽轮机轴端逸至机房或泄漏至油系统中去；同时利用漏汽的热量加热主凝结水，其疏水疏至凝汽器，从而减少热损失并回收工质。

轴封加热器一般为卧式、U 形管结构，如图 2-16 所示。它由圆筒形壳体、U 形管管束及水室等部件组成。水室上设有主凝结水进、出管，并且可以互换使用。管束主要由隔板和若干根焊接并胀接在管板上的 U 形不锈钢管组成，其下部装有滚轮，使管束在壳体内可以自由膨胀，并便于检修时管束的抽出和装入。

主凝结水由水室进口流入U形管管束，在U形管束中吸热后，从水室出口流出轴封加热器。汽水混合物出口与轴封风机或射水式抽气器扩压管相连，风机或抽气器的抽吸作用使加热器汽侧形成微真空状态，汽水混合物由进口管被吸入壳体，在管束外经隔板形成的通道迂回流动，蒸汽放热凝结成水，疏水经水封管流入凝汽器，残余蒸汽与空气的混合物由轴封风机或射水式抽气器排入大气。

四、回热加热器的疏水装置

疏水装置的作用是可靠地将加热器中的凝结水及时排出，同时又不让蒸汽随同疏水一起流出，以维持加热器汽侧压力和凝结水水位稳定。

电厂中常用的疏水装置有浮子式疏水器、疏水调节阀、U形水封管及汽液两相流疏水调节器等。

（一）浮子式疏水器

浮子式疏水器由浮子、浮子滑阀及传动连杆等组成。它利用浮子随加热器中疏水水位的升降，通过连杆系统带动滑阀，使疏水阀开度变化，从而调节疏水量的大小，保持加热器中的凝结水水位在正常范围内，如图 2 - 15 所示。

由于这种疏水装置的传动部件长时间浸泡于水中，易锈蚀、卡涩、磨损，影响正常运行。因此，多用于中小容量机组的加热器上。

（二）疏水调节阀

高参数大容量机组上广泛采用疏水调节阀，它分为电动式和气动式两种。气动式疏水调节阀具有快速关断性、保护性能好、运行灵活、安全可靠的优点，便于在集控室自动控制，它在 300、600、1000MW 等大容量机组上普遍采用。

1. 电动疏水调节阀

图 2 - 17 所示为电动疏水调节阀。这种调节阀常用于高压加热器中，当调节阀摇杆转动时，带动杠杆及相铰链的阀杆在上、下轴套之间滑动，使滑阀开大或关小，从而调节疏水量的大小。其控制系统如图 2 - 17（b）所示，动作原理：控制水位计接受加热器壳侧水位变化信号，经差压变送器、比例积分单元、操作单元，最后由电动执行机构操纵疏水调节阀，从而实现对加热器水位的控制。

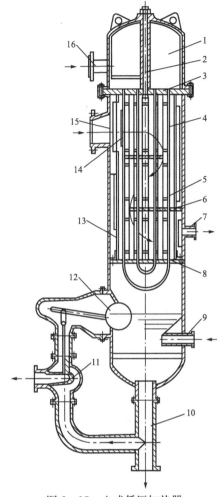

图 2 - 15　立式低压加热器

1—水室；2—锚形拉撑；3—管板；4—U形管；5—导向板；6—隔板；7—抽空气接管；8—U形管固定板；9—邻近加热器来的疏水管；10—加热器疏水管；11—疏水器；12—疏水器浮球；13—骨架；14—保护板；15—进汽管；16—主凝结水进口管道

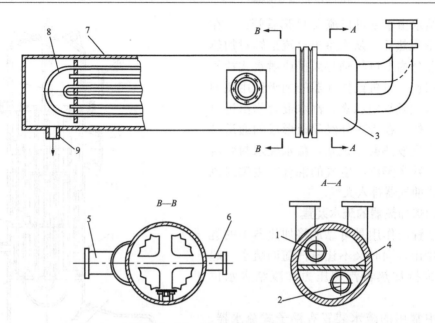

图 2-16　轴封加热器的结构

1、2—凝结水进、出口；3—水室；4—水室隔板；5、6—汽-气混合物进、出口；7—壳体；8—管束；9—疏水出口

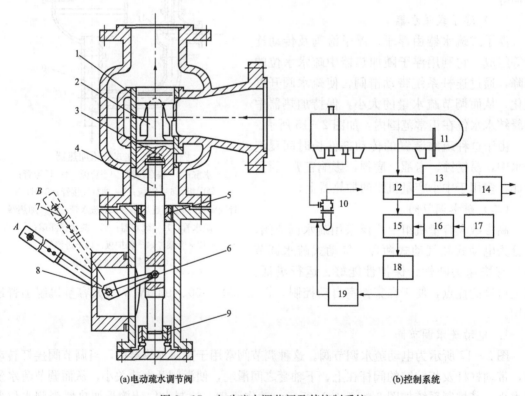

(a)电动疏水调节阀　　　　　　　　(b)控制系统

图 2-17　电动疏水调节阀及其控制系统

1—滑阀套；2—滑阀；3—钢球；4—阀杆；5—上轴套；6—杠杆；7—摇杆；8—芯轴；9—下轴套；
10—疏水调节阀；11—控制水位计；12—差压变送器；13—水位远方指示计；14—报警单元；
15—比例积分单元；16—定值单元；17—恒流单元；18—操作单元；19—电动执行结构

2. 气动疏水调节阀

气动疏水调节阀及其气压控制系统如图 2-18 所示，当压力信号输入薄膜气室后，对膜片产生推力，克服弹簧的反作用力，带动推杆上下移动，推杆带动阀杆和阀瓣运动，并通过阀瓣在套筒内的移动来改变套筒窗口流通面积，从而调节疏水量。此外，在阀瓣上还开有均压孔，使作用于阀瓣上下部分的轴向不平衡力大为减小，因此，即使工作在压差较高的条件下也可以用普通执行机构来驱动。当膜片产生的推力与弹簧的反作用力相平衡时，推杆就停止运动，从而使阀门处于某一开度。

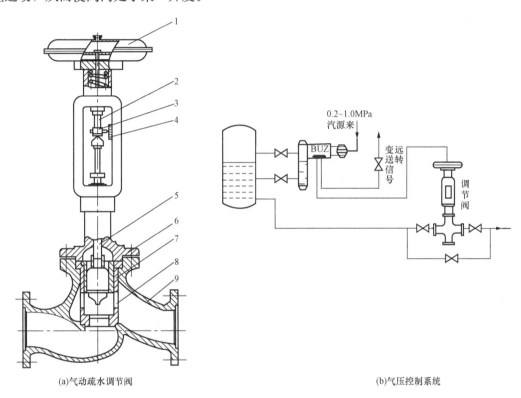

(a)气动疏水调节阀　　　　　　　　　　　　(b)气压控制系统

图 2-18　气动疏水调节阀及其气压控制系统

1—薄膜气室；2—推杆；3—指针；4—标尺；5—阀杆；6—阀盖；7—阀瓣；8—套筒；9—阀体

根据加热器内疏水水位的变化，气源来的压力为 0.2～1.0MPa 的压缩空气经 BUZ 型气动基地式液位仪表控制转化，气动疏水调节阀气压控制系统输出一个压力控制信号至气动疏水调节阀执行机构的薄膜气室中，操纵疏水调节阀，控制疏水量的大小。

气动基地式液位仪表既能对系统的液位进行现场指示和调节，又可为集控室提供可靠的变送信号。广泛应用在发电厂的疏水扩容器、除氧器、凝汽器、加热器、凝结水箱等需要对液位进行调节的设备上。

（三）U 形水封管

U 形水封管是由疏水管自身弯制而成的，其结构简单，安全可靠，但仅适用于两容器间压差小于 0.1MPa 的情况下，当压差大于 0.1MPa 时，将使 U 形水封管太长，布置困难。因此，它主要应用于低压加热器、轴封加热器、疏水扩容器等低压设备疏水通往凝汽器的管道上。

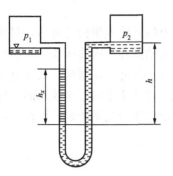

图 2-19　U 形水封管的工作原理

U 形水封管的工作原理如图 2-19 所示。用 U 形水封管内一侧高度为 h 的水柱静压力来平衡两容器间的压力差。在平衡状态时为

$$p_1 = p_2 + \rho g h$$

式中　p_1——压力较高容器的内压力，Pa；

　　　　p_2——压力较低容器的内压力，Pa；

　　　　ρ——凝结水的密度，kg/m³；

　　　　g——重力加速度，g=9.8m/s²；

　　　　h——U 形水封管右侧管中凝结水水柱高度，m。

当压力为 p_1 容器内的凝结水量增加时，U 形管左侧管中水位升高，平衡被破坏，若水位升高为 h_x 时，凝结水就会在富裕静压 $\rho g h_x$ 的作用下疏至压力为 p_2 的容器中。U 形水封管中始终有一段水柱存在，以防止水位过低时蒸汽进入下一级加热器。

根据 U 形水封管的工作原理，有的机组还设计安装了多级水封管和水封筒作为低压加热器、轴封加热器等设备的疏水装置。

图 2-20（a）为多级水封的原理，它适用于两容器间压差较大的情况。当每级水封管的高度为 H、级数为 n 时，两容器之间的平衡压差为

$$p_1 - p_2 = n\rho g H$$

图 2-20（b）为水封筒的工作原理，水封筒用于平衡低压加热器 H7 与凝汽器、轴封加热器与凝汽器之间的压力差。平衡状态时，

$$p_c + \rho g h_c = p_7 + \rho g h_7 = p_s + \rho g h_s$$

式中　p_c、p_7、p_s——凝汽器、低压加热器 H7、轴封加热器内的压力，Pa；

　　　　h_c、h_7、h_s——相应凝结水的水柱高度，m。

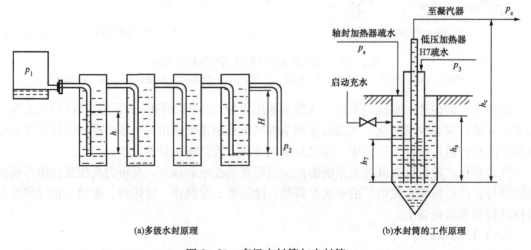

(a)多级水封原理　　　　　　　　(b)水封筒的工作原理

图 2-20　多级水封管与水封筒

（四）汽液两相流疏水自动控制器

汽液两相流疏水自动控制器系统由传感器、控制器、旁路阀、限压阀四部分构成，其中传感器和控制器是主要部件，如图 2-21 所示。

　　汽液两相流疏水自动控制器是基于汽液两相流及流体力学理论设计而成的，不需外力驱动，其执行机构的动力源来自于所需控制对象的汽体，即本级加热器的蒸汽。这样，控制源蒸汽和被控制的疏水混合在一起流过控制器形成汽液两相流，两相流中的含汽量直接影响被控流体的流通能力。由于汽、液的比体积相差很大，所以动力源所需的蒸汽量很小，约为本级加热器疏水量的 1%～2%。其调节机理是汽液两相在流动过程中蒸汽比体积迅速增大而疏水比体积基

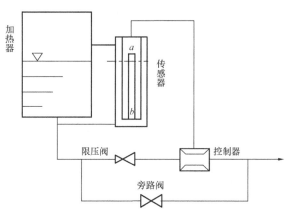

图 2-21　汽液两相流疏水自动控制系统

本不变，这使得疏水的有效流通面积减小，在压差一定的情况下，疏水流量随之减小，蒸汽对疏水起到了调节作用。在系统工作时，当液位高于 a 点，蒸汽不能进入控制器，此时不需要调节；当液位在 a～b 之间时，有蒸汽进入控制器，蒸汽对疏水有调节作用，疏水水位越接近 b 点，进入控制器的蒸汽就越多，调节作用也越强；当容器内的水位位于 b 时，汽体的调节作用达到最大，此时若液位继续下降（加热器内蒸汽的凝结量小于输水量），则液位无法维持，系统失去调节作用；反之，则可使液位逐渐升高。

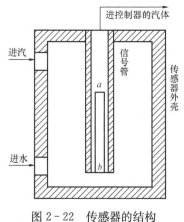

图 2-22　传感器的结构

　　传感器由外壳、信号管两部分组成，如图 2-22 所示。外壳是承压容器，所受压力与其连接的加热器压力相同，信号管通过液位的高低来控制进入控制器的汽量。该部件的设计包括：传感器进汽管的直径、长度、信号管槽（传感器内 a、b 段）的几何尺寸及形状。传感器与控制器间的长度越短越好，以减少管道沿程阻力，而进汽管道直径的确定要以满足控制器内所需的汽量为前提，一般选取控制器最小截面即喉部为进汽管道直径。信号管的直径应大于或等于传感器至控制器之间的管径，通常取相等即可。信号管槽口的总面积应是控制器喉部截面积的 1.1～1.3 倍，其形状以能减小局部阻力损失为原则。槽口的长度为 a～b 段，a 点要略高于设计工况时的液位，保证加热器中的汽

体排出，b 点应高于入水口底缘。

　　控制器实际是一个缩放喷管，其结构和外观如图 2-23（a）、（b）所示。该控制系统主要是维持压力容器内液位的，防止设备出现无水位运行，但同时应保证顺利疏水，绝对避免凝结水淹没运行设备的换热面。喉部的设计是关键，其尺寸设计是以疏水在最大运行工况下通过控制器为基准。

　　阀芯是由渐缩和渐扩段组成的，其进、出口直径相等且与其连接的管道匹配。汽体入口为一个环型通槽。渐缩渐扩段的渐缩长度取为距喉部 15～25mm，渐缩段与管道中心线的角度为 20°～60°，不宜过大。渐扩段的角度取 45°～60°，渐缩段、渐扩段的长度比取 2∶1。

　　为了使控制器能够适应变工况运行，其两端的压差不宜过大，当与控制器相连接的两个

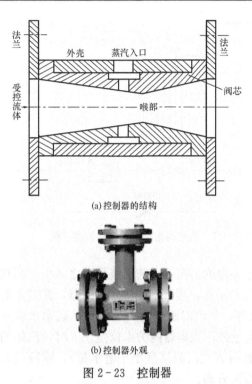

(a) 控制器的结构

(b) 控制器外观

图 2-23　控制器

压力容器间的总压差大于 1.5MPa 时，控制器两端压差应取总压差的 15%～20%。在总压差为 0.8～1.5MPa 时，控制器两端压差取总压差的 20%～30%，也可以通过现场调试来确定控制器两端的实际压差，其余的压力由限压阀来限制。为保证安全运行，该系统还设置了一旁路。

该控制器优点：可实现自动连续调节，自调节能力强，液位稳定；无任何运动部件，可靠性和安全性能高；结构和系统简单，易于现场维护和检修；使用寿命长，成本低。

该控制器的不足之处：当控制器有调节作用时，流入控制器的汽体是一定量的蒸汽和不凝结气体的混合物，虽然蒸汽量不大，但它对下一级加热器的抽汽仍有排挤作用。相比之下，不凝结气体的危害较大。上一级加热器的不凝结气体排到下一级，影响下一级的换热，最后一级的加热器换热最差。如果是除氧器，会加重其除气负担。如果疏水进入凝汽器，则加重抽气器的工作负担。

五、高压加热器自动旁路保护装置

高压加热器由于水侧的给水压力很高，常因制造工艺、检修质量、操作不当等原因而引起给水泄漏事故。为使高压加热器故障时，不中断进入锅炉的给水，在高压加热器给水管道上设置自动旁路保护装置。该装置的作用是：当高压加热器发生故障或管束泄漏时，迅速自动切断高压加热器的进水，同时给水经旁路直接向锅炉供水。

目前，高压加热器采用的给水自动旁路保护装置主要有水压液动控制式和电气控制式两种形式。

1. 水压液动式旁路保护装置

图 2-24 所示为水压液动式旁路保护装置。该装置由进口联成阀、出口止回阀及控制水管路组成。联成阀由进口阀和旁路阀组合而成，二者共用一个阀瓣。联成阀与出口止回阀通过加热器外部的旁路管相连。正常运行时，联成阀的阀瓣处于最高位置，进口阀全开，旁路阀全关，给水由进口阀进入加热器管束中，在加热器中经蒸汽加热后，顶开出口止回阀流出。联成阀采用低压凝结水控制的外置活塞式结构，当任何一台高压加热器因故障使水位上升超过允许的上限水位时，电接点液位信号器向控制室报警，同时，接通水位高接点，使电磁阀开启，由凝结水泵出口来的凝结水，经滤网、电磁阀进入联成阀活塞的上部，活塞在压力水的作用下，克服下部的弹簧力，强行快速关闭进口联成阀，加热器进水中断，出口止回阀因给水失压联动关闭，给水经旁路直接向锅炉供水。同时，相应加热器抽汽管道上的进汽阀和止回阀连锁关闭，高压加热器解列。当电磁阀失灵时，应手动开启电磁阀的旁路阀使保护装置动作。

在高压加热器投入时，可开启联成阀活塞上部的放水阀，使活塞上部泄压，活塞在其下部弹簧力的作用下向上移动，开启进口阀，关闭旁路阀，加热器通水。

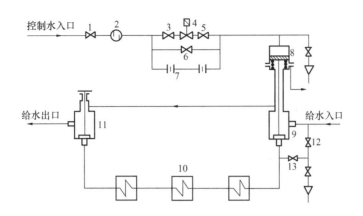

图 2-24　水压液动式旁路保护装置系统

1、3、5—截止阀；2—滤网；4—电磁阀；6—电磁阀旁路阀；7—节流孔板；8—活塞；
9—联成阀；10—高压加热器；11—出口止回阀；12—控制阀；13—注水阀

2. 电气式旁路保护装置

图 2-25 所示为电气式旁路保护装置。该装置由高压加热器进出口电动阀、旁路电动阀（当采用三通快速关断阀的旁路装置时，无此阀）、事故疏水阀及继电器等组成。上述各阀门由三台高压加热器的水位信号器通过继电器控制。当任何一台高压加热器故障，汽侧出现高水位危及机组安全运行时，水位信号器发出高水位信号，送到继电器，由继电器接通加热器进、出口阀门和旁路阀电气线路，高压加热器的进、出口阀自动快速关闭，旁路阀快速开启，给

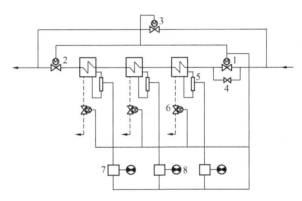

图 2-25　电气式旁路保护装置系统

1—进水阀；2—出水阀；3—旁路阀；4—启动注水阀；5—水位信号器；6—事故疏水阀；7—继电器；8—信号灯

水由旁路向锅炉供水。同时，继电器控制事故疏水阀打开，进行大量疏水，并向控制室报警。高压加热器抽汽管上的进汽阀和止回阀也自动关闭，三台高压加热器同时解列。引进型 300MW 机组上采用了三通快速关断阀的旁路保护装置，三通阀始终保证有一路是畅通的。

当全部高压加热器共用一套旁路保护装置时，只要任何一台高压加热器发生事故，水位达到保护装置动作值时，所有高压加热器都要停运，这将使进入锅炉的给水温度明显下降，若锅炉保持原有的蒸发量则必须加大燃料量，可能会造成过热器超温。同时，当高压加热器全部停运后，由于抽汽量大幅度减少，在机组出力不变的情况下，使得汽轮机监视段压力升高，停用抽汽口以后的各级叶片，隔板受到的轴向推力增大。为保证机组安全，机组必须限负荷运行。因此，有的 600MW 机组上的高压加热器趋向于采用小旁路，即每一台高压加热器设置一套旁路保护装置，这虽然会增加一定的投资，但对于机组的安全经济运行却是很有利的。

六、表面式加热器的疏水连接方式及其热经济性

加热蒸汽在表面式加热器中经放热凝结而成的凝结水称为疏水。这些疏水在加热器内不

与被加热水（主凝结水和主给水）直接混合，需及时排出加热器，其排出方式影响回热机组

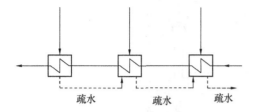

图 2-26 疏水逐级自流的连接系统

的热经济性和系统的复杂程度。现场应用中表面式加热器的疏水连接系统主要有以下几种方式。

1. 疏水逐级自流的连接系统

图 2-26 所示为疏水逐级自流的连接系统，它利用各回热加热器间的压力差，让疏水逐级自流入压力较低的相邻加热器的汽侧空间，最后一台低压加热器的疏水自流入凝汽器。

这种系统简单可靠，但是热经济性差。这是由于压力较高加热器的疏水流入压力较低加热器的汽侧空间要放出热量，从而"排挤"了一部分较低压力的回热抽汽，在保持汽轮机输出功率一定的条件下，势必造成抽汽做功减少，凝汽做功增加，冷源损失增大。特别是疏水排入凝汽器时，将直接导致冷源损失的增大。

2. 疏水泵与疏水逐级自流的联合系统

使用疏水泵将疏水送入本级加热器出口的主凝结水管道中是克服表面式加热器因疏水逐级自流而降低热经济性的有效措施，如图 2-27 所示。对于加装疏水泵的连接系统，其热经济性仅次于混合式加热器系统，这是由于疏水用泵打入被加热水管中减少了加热器端差的缘故。但在这种系统中，对应每台加热器，必须装设两台疏水泵（其中一台备用），投资增加，厂用电耗增大，并且系统复杂，运行可靠性降低，现场一般不单独采用该系统。目前运行中的中小容量供热机组和部分 300MW 机组的低压加热器均采用疏水泵与疏水逐级自流的联合系统，它兼顾了上述两种系统的优缺点，如图 2-28 所示。

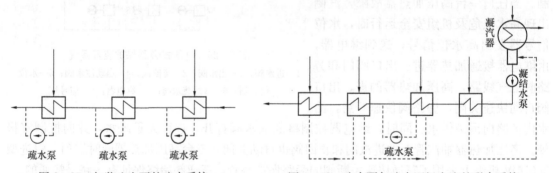

图 2-27 加装疏水泵的疏水系统   图 2-28 疏水泵与疏水逐级自流的联合系统

3. 疏水冷却器与疏水逐级自流的联合系统

图 2-29 所示为疏水冷却器与疏水逐级自流的联合系统，在疏水自流入下一级加热器之前，先经过疏水冷却器，用主凝结水将疏水适当冷却后再流入下一级加热器。这种疏水系统，流出疏水冷却器的温度降低了，减少了疏水自流入相邻加热器所产生的"排挤"，从而减少了疏水排挤低压抽汽引起的损失。

用疏水冷却器代替疏水泵，虽然会使机组热经济性略有降低，但带来的好处却很明显：①无转动设备，消除了疏水泵发生汽蚀的隐患，疏水系统简单，安全性高；②省去了运行与备用疏水泵（包括电动机），降低了投资，节省了厂用电，经济性高。

现代大容量火电机组，其高压加热器的疏水连接系统一般都采用疏水冷却器与疏水逐级

自流的联合系统；低压加热器的疏水系统也倾向于
采用这种联合系统。

七、实际机组回热系统简介

对于大容量机组的实际回热加热系统，高压加
热器和部分低压加热器一般采用疏水冷却段或外置
式疏水冷却器，高压加热器的疏水逐级自流入除氧
器，低压加热器的疏水逐级自流到 H7 或 H8 低压
加热器后，用疏水泵送入该加热器出口的主凝结水
管道，以避免或减少流入凝汽器的冷源热损失，如
图 2-30（a）所示。在第一批国产 300MW 机组
上，设置两级并联的外置式蒸汽冷却器，以提高机
组的热经济性，如图 2-30（b）所示。在引进型
300、600MW 机组上，由于高、低压加热器上均采

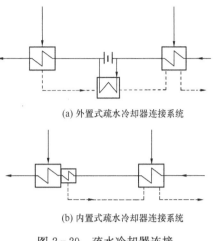

(a) 外置式疏水冷却器连接系统

(b) 内置式疏水冷却器连接系统

图 2-29 疏水冷却器连接

用蒸汽冷却段和疏水冷却段，整个回热加热系统中不设疏水泵，全部采用疏水自流方式，如
图 2-30（c）所示。这样不仅简化了系统、节省了投资、减少了厂用电消耗和运行维护工作
量，而且保证了机组的安全可靠性和经济性。

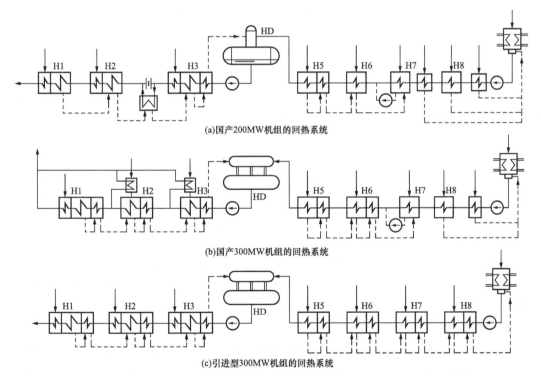

(a) 国产 200MW 机组的回热系统

(b) 国产 300MW 机组的回热系统

(c) 引进型 300MW 机组的回热系统

图 2-30 实际机组的回热系统

八、回热加热器的运行

回热加热器是发电厂的重要辅助设备，其是否正常运行，对机组热经济性的影响较大，
试验计算表明：一般给水温度降低 1℃，标准煤耗约增加 0.07g/kWh；给水少加热 10℃，
热耗率约增加 0.4%。因此要尽可能地提高加热器的投入率。

停用回热加热器不仅降低机组的热经济性，还会影响机组的安全运行。这是因为加热器停运，给水温度降低，便会引起高参数直流锅炉的水冷壁超温，汽包锅炉的过热汽温升高。由此，在机组出力不变的情况下，汽轮机监视段压力升高，停用抽汽口以后的各级叶片、隔板及轴向推力过负荷。为保证机组安全，机组必须限负荷运行。

为保证机组的安全运行，在加热器运行中应注意监视以下项目，并做好相应的工作。

1. 疏水水位

在加热器启动和运行的整个过程中，始终要监视加热器的疏水水位，应控制加热器内的疏水水位在正常范围内。

如加热器疏水水位太低，会使疏水冷却段的吸入口露出水面，蒸汽会进入该段，这将破坏该段的虹吸作用，造成疏水端差变化和蒸汽热量损失，进入的蒸汽还会冲击冷却段的U形管，造成振动，还有可能发生汽蚀现象破坏管束。运行中若发现水位过低，应检查疏水的自动调节装置。

加热器疏水水位太高，将使部分管子浸没在水中，使有效换热面积减少，导致换热效果下降。加热器在过高的水位下运行，一旦操作稍有失误或处理不及时，就可能造成汽轮机本体或系统的破坏。造成加热器疏水水位过高的主要原因有疏水装置失灵，加热器之间疏水压差太小，超负荷以及管子遭到破坏等。

实际运行中，正确判断水位和合理调整水位是非常重要的。虽然每台加热器都设有水位计、水位调整器和水位铭牌等装置，但仍然要注意加热器的虚假水位现象。

2. 传热端差

在运行中，加热器端差是监视的一个重要指标。汽轮机生产厂家提供了各种加热器的传热端差，规程上也有，运行人员要做到心中有数，保持加热器最小传热端差。因为许多不正常的因素都会影响端差，运行中若发现端差增大，要查明原因并及时消除。

一般情况下，传热端差增大可能是以下原因造成。①传热面结垢，增大了传热热阻。当加热器的换热面结垢或加热器管子堵塞时，加热器端差都会增大；②汽侧集聚了空气。如果由于空气漏入或排气不畅，加热器中聚集了不凝结的气体，也会严重影响传热，从而使端差增大；③疏水水位过高。疏水水位过高，会减少加热器的传热面积，增大传热端差；④汽侧压力。若抽汽管道的阀门没有全开，蒸汽发生严重的节流损失，也会导致加热器传热端差增大；⑤旁路阀漏水、进口联成阀未全开、水室分隔板焊缝开裂或螺栓连接的分隔板垫圈不严密等都可能使水走旁路，使加热器出口温度降低，传热端差增大。当发现旁路阀不严时，应及时手动关上，并检查全开进水联成阀，及时补焊水室分隔板或更换垫圈。

3. 汽侧压力和出口水温

在运行中，要监视加热器内汽侧压力和出口水温。如果加热器的汽侧压力比抽汽压力低得多时，加热器出口水温就会下降，回热效果降低。这是因为进汽阀或止回阀未开足，造成抽汽管道上节流损失增大。为此，在运行时加热器的进汽阀应处于全开位置。同时，应该定期对抽汽管道上的止回阀做严密灵活性试验，以保证抽汽管道产生的压力损失为最小。

4. 加热器过负荷

加热器不允许过分超负荷运行。因为超负荷运行会使流过管束的蒸汽和水的流速大大增加，加剧对加热器传热面的冲刷，并使管束振动而损坏。如当使用中的一台或一列加热器被旁路时，仍然在运行中的加热器中蒸汽流量可能会增大到失常的程度。因此加热器应尽量减少超负荷运行的时间。

▶ **能力训练** ◀

1. 通过网络、参考书、现场拍照等途径，收集高压加热器、低压加热器、卧式加热器、立式加热器的图片（加热器外观及内部结构），并进行讨论比较。

2. 查阅相关资料，讨论说明加热器的排挤抽汽原理，并应用该原理解释回热加热器疏水方式的热经济性。

3. 查阅相关资料，分析高压加热器管束泄漏的原因，并简述处理方法。

任务二 除 氧 器

▶ **任务目标** ◀

掌握除氧器的基本结构及工作原理，了解除氧器运行的基本知识。

▶ **知识准备** ◀

一、给水除氧的作用与方法

1. 给水除氧的任务

当水与空气接触时，就会有一部分气体溶解到水中去。溶解于给水中的气体主要来源有两个：一是补充水带入；二是处于真空状态下的热力设备及管道附件不严密漏进了空气。

给水中的溶解气体会带来以下危害：

（1）腐蚀热力设备及管道，降低其工作可靠性与使用寿命。给水中溶解的气体危害最大的是氧气，它会对热力设备及其金属管道材料产生腐蚀，所溶二氧化碳会加快氧的腐蚀。而在高温条件下及水的碱性较弱时，氧腐蚀（溶解氧腐蚀的简称，为一种电化学腐蚀，腐蚀部位金属呈溃疡状）将加剧。溶解在水里的氧气对钢铁的氧化腐蚀作用虽进行得很缓慢，但是对于长期连续运行的热力设备来说是十分危险的。锅炉、汽轮机的设计寿命长达 30 年，在中国甚至实际使用到 50 年，在这样漫长的使用过程中，要保证它不被腐蚀损坏，防止氧气腐蚀显然是一个十分重要的措施。

（2）阻碍传热，影响传热效果，降低热力设备的热经济性。不凝结气体附着在传热面上，以及氧化物的沉积，会增大传热热阻，使热力设备传热恶化。

另外，氧化物沉积在汽轮机叶片上，会导致汽轮机出力下降和轴向推力增加。

因此，给水除氧的任务是除去水中的氧气和其他不凝结气体，防止热力设备腐蚀和传热恶化，保证热力设备的安全经济运行。

水中溶解的气体数量最多的是氧气，危害性最大的也是氧气，习惯上将给水除气称为除氧，除气装置称为除氧器。

GB/T 12145—2008 规定，控制给水溶氧量的指标为：对工作压力 5.78MPa 以下的锅炉，给水溶氧量应小于 $15\mu g/L$；对工作压力为 5.88MPa 以上的锅炉，给水溶氧量应小于

$7\mu g/L$；对于亚临界和超临界参数的锅炉，给水则应彻底除氧。

2. 除氧的方法

给水除氧的方法有物理除氧和化学除氧两种。

物理除氧法用得最广泛的是热力除氧。这种方法成本低，不但能除去水中溶解的氧气，还可除去水中溶解的其他不凝结气体，且没有任何残留物质。因此除核电厂外所有火电厂都采用热力除氧。

作为热力除氧的一种补充，化学除氧可除去热力除氧后残留在水中的氧，用于化学除氧的药品有联氨（N_2H_4）和二甲基酮肟等。

（1）联氨除氧。联氨又叫肼，在常温下是一种无色液体，易溶于水、易挥发、有毒性。它的蒸汽对呼吸道和皮肤有侵害作用，联氨蒸汽和空气混合达一定比例时有爆炸的危险。

N_2H_4 在碱性水溶液中是一种很强的还原剂，与水中 O_2 的反应式为

$$N_2H_4+O_2=N_2+2H_2O$$

反应产物为氮气和水，对热力设备的运行无任何危害。

N_2H_4 还可将 Fe_2O_3 还原成 Fe_3O_4 或 Fe，CuO 还原成 Cu_2O 或 Cu，使给水中铁、铜含量减少，可防止锅内结铁垢和铜垢。

联氨除氧与水温、pH 值及联氨的过剩量有关。当水温大于 $150℃$、pH 值在 9～11 和有适当 N_2H_4 过剩量时，除氧效果最佳；而高压及其以上火电机组，给水温度大于 $150℃$、pH值在 8.5～9.2 及控制给水中 N_2H_4 量在 20～50$\mu g/L$，基本满足除氧条件。

加药方式：将 40％的工业水和联氨配成 0.1％～0.2％的稀溶液，用加药泵打入除氧器出口水管道中。

（2）新型除氧剂——二甲基酮肟。二甲基酮肟的除氧效果与联氨相同，并且还具有毒性小（为联氨的 1/20），便于运输、储存的优点。在高温高压下无有机酸影响，二甲基酮肟可代替联氨。

二甲基酮肟的加药量达 $100\mu g/L$ 时，水中各项指标合格，与联氨处理相比，给水中含铁量有明显降低。加药量超过 $250\mu g/L$，给水中含铜量有超标现象。二甲基酮肟热分解产生NH_3，能维持给水 NH_3 含量和 pH 值合格，可省去给水二次加氨。

二甲基酮肟还可用作酸洗后的钝化剂和停炉保护的保护液。另外还有复合乙醛肟等也是一种新型除氧剂。

二、热力除氧原理

热力除氧原理是以亨利定律（亨利：英国化学家，1803 年提出亨利定律）和道尔顿定律（道尔顿：英国化学家，1801 年提出道尔顿定律）作为理论基础的。

亨利定律指出：在一定温度下，当溶解于水中的气体与自水中离析出的气体处于动平衡状态时，单位体积水中溶解的气体量 b 和水面上该气体的分压力 p_f 成正比，可表示为

$$b=k\frac{p_f}{p}$$

式中　b——气体在水中的溶解度，mg/L；

　　　p_f——动平衡状态下水面上气体的分压力，Pa；

　　　p——水面上的全压力，Pa；

k——气体的质量溶解度系数，mg/L。

k 的大小随气体种类和温度而定。定压下，氧气及二氧化碳在水中的溶解度随着温度的提高而下降。

在除氧器中，某气体在水中的溶解度与离析处于动平衡时的分压力称为平衡压力 p_b，由上式可知，平衡压力的表达式为

$$p_b = \frac{b}{k}p$$

根据亨利定律，如果水面上某气体的实际分压力小于水中溶解气体所对应的平衡压力 p_b，则该气体就会在不平衡压差 $\Delta p = p_b - p_f$ 的作用下，自水中离析出来，直至达到新的平衡为止。如果能从水面上完全清除气体，使气体的实际分压力为零，该气体从水中就可以完全离析出来，从而就可以把该气体从水中完全除去。

道尔顿定律为我们提供了将水面上气体的分压力降为零的方法。它指出：混合气体的全压力等于各组成气体的分压力之和。

根据道尔顿定律，在除氧器中，水面上的全压力 p 等于水中溶解的各种气体的分压力 $\sum p_f$ 及水蒸气的分压力 p_{H_2O} 之和，即

$$p = \sum p_f + p_{H_2O}$$

当给水被定压加热时，随着水蒸发过程的进行，水面上的蒸汽量不断增加，蒸汽的分压力逐渐升高，同时把从水中离析出的气体及时排出，水面上各种气体的分压力 $\sum p_f$ 不断降低。当水被加热到除氧器压力下的饱和温度时，水大量蒸发，水蒸气的分压力 p_{H_2O} 就会接近水面上的全压力（即 $p \approx p_{H_2O}$）。随着气体的不断排出，水面上各种气体的分压力将趋近于零，于是溶解于水中的气体就会从水中逸出而被除去。

热力除氧过程是个传热、传质过程，要保证理想的除氧效果，必须满足以下几个条件：

（1）一定要把水加热到除氧器压力下的饱和温度，以保证水面上水蒸气的分压力接近于水面上的全压力。实验证明：即使有少量的加热不足，都会引起除氧效果的恶化。

（2）必须将水中逸出的气体及时排出，使水面上各种气体的分压力尽量趋近于零。

（3）被除氧的水与加热蒸汽应有足够的接触面积，且两者逆向流动，这样不仅强化传热，而且保证有较大的不平衡压差，使气体易于从水中离析出来。

气体从水中离析出来的过程基本上可分为两个阶段：

第一阶段为初期除氧阶段。此时，由于水中的气体较多，不平衡压差 Δp 较大，气体以小气泡的形式克服水的黏滞力和表面张力逸出。此阶段可以除去水中约 80%～90% 的气体。

第二阶段为深度除氧阶段。这时，水中还残留着少量的气体，相应的不平衡压差 Δp 很小，气体已没有足够的动力克服水的黏滞力和表面张力逸出，只有靠单个气体分子扩散作用慢慢地离析出来。这时可以加大汽水的接触面积，使水形成水膜，减小其表面张力，从而使气体容易扩散出来。也可用制造蒸汽在水中的鼓泡作用，使气体分子附着在气泡上从水中逸出。

在除氧器设计和运行时，都要强化传热、传质过程，满足除氧的基本条件，保证深度除氧效果。

三、除氧器的类型

热力除氧器的类型见表 2-1。

表 2-1　　　　　　　　　　　　　　**热力除氧器的类型**

分类方法	名　称
按工作压力分	1. 真空式除氧器，工作压力 $p<0.0588MPa$ 2. 大气式除氧器，工作压力 $p=0.1177MPa$ 3. 高压除氧器，工作压力 $p>0.343MPa$
按结构分	1. 淋水盘式除氧器 2. 喷雾式除氧器 3. 填料式除氧器 4. 喷雾填料式除氧器 5. 膜式及旋膜式除氧器 6. 内置式除氧器
按布置的形式分	1. 立式除氧器 2. 卧式除氧器
按运行方式分	1. 定压除氧器 2. 滑压除氧器

在高压以上参数的机组，为简化系统，补充水一般是补入凝汽器的。为避免主凝结水管道和低压加热器的氧腐蚀，在凝汽器下部设置除氧装置，如图 2-31 所示，对凝结水和补充水进行除氧，故凝汽器也称为真空除氧器。

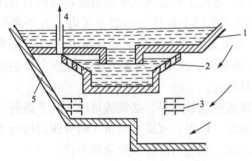

至凝汽器空气冷却区

图 2-31　凝汽器真空除氧装置
1—集水板；2—淋水盘；3—溅水板；4—分离出来的氧气至凝汽器抽气口；5—热水井

大气式除氧器的工作压力略高于大气压力，以便于把水中离析出来的气体排入大气。这种除氧器常用于中、低压凝汽式电厂和中压热电厂。

在高参数大容量机组上，广泛采用高压除氧器，其工作压力约为 0.588MPa，给水温度可加热至 158~160℃，含氧量小于 7μg/L。其优点是：①节省投资。高压除氧器在回热系统中可作为一台混合式加热器，从而减少高压加热器的数量。②提高锅炉运行的安全可靠性。

当高压加热器因故停运时，可供给锅炉温度较高的给水，对锅炉的正常运行影响较小。③除氧效果好。气体在水中的溶解度随着温度的升高而减小。高压除氧器由于其压力高，对应的饱和温度高，使气体在水中的溶解度降低。④可防止除氧器内"自生沸腾"现象的发生。除氧器的"自生沸腾"现象是指过量的热疏水进入除氧器时，其汽化产生的蒸汽量已能满足或超过除氧器的用汽需要，使除氧器内的给水不需要回热抽汽的加热就能沸腾。这时，原设计的除氧器内部汽与水的逆向流动遭到破坏，在除氧器中形成蒸汽层，阻碍气体的逸出，使除氧效果恶化。同时，除氧器内的压力会不受限制地升高，排汽量增大，造成较大的工质和热量损失。在高压除氧器中，由于除氧器的压力较高，要将水加热到除氧器压力下的饱和温度，所需热量较多，进入除氧器的热疏水所放出的热量一般达不到除氧器的用汽需要，因此，不易发生"自生沸腾"现象。

四、典型除氧器的结构

除氧器的作用是除去给水中的氧，保证给水品质，使锅炉、汽轮机的通流部分及回热系统的管路和设备免受腐蚀,延长使用寿命。在电厂的热力系统中,还可以回收加热器疏水和锅炉连续排污扩容器的扩容蒸汽等,以减少电厂的汽水损失。

依据除氧器由水播散成微小细流被蒸汽加热方式的不同,除氧器有各种结构形式,国内外各厂家设计制造的除氧器也形式多样。有的除氧器一种传热结构形式,例如淋水盘除氧器,如图 2-32 所示。它的水流播散方式是多孔淋水盘,通过一层一层多个淋水盘把水加热达到出水温度,它的传热结构方式是一种,即都是淋水盘,所以可称为一段传热式除氧器。另一种可称之为两段传热式除氧器,它将两种不同的传热方式组合在一个除氧器内,例如喷雾填料式除氧器,给水先经喷嘴雾化成微细水滴再被蒸汽加热,加热后的水再经另一种结构形式(填料)的加热段加热。现在国内除氧器绝大部分都采用两段传热式结构,本书也主要讲述这种结构的除氧器。两段式除氧器储水箱的总容积一般应能满足锅炉在额定负荷下 20min 的用水量。

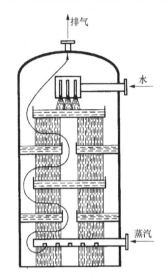

图 2-32 淋水盘除氧器示意

(一)高压喷雾填料式除氧器

国产 300MW 机组上配用高压喷雾填料式除氧器的结构如图 2-33 所示。主凝结水先进入中心管 4,再由中心管流入环形配水管 3,在环形配水管上装有若干个喷嘴 2,水经喷嘴喷成雾状,加热蒸汽由除氧塔顶的进汽管 1 进入喷雾层,蒸汽对水进行第一次加热。由于汽水间传热面积大,除氧水很快被加热到除氧器压力下的饱和温度,这时约有 80%~90% 的溶解气体以小气泡的形式从水中逸出,完成初期除氧。

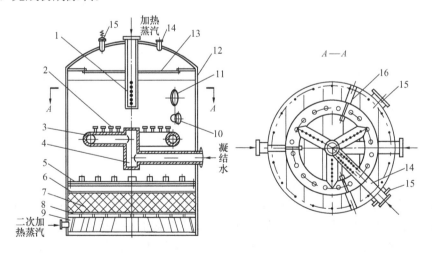

图 2-33 高压喷雾填料式除氧器

1——一次蒸汽进汽管;2——喷嘴;3——环形配水管;4——中心管;5——淋水区;6——滤板;7——Ω 形填料;8——滤网;9——二次蒸汽进汽室;10——筒身;11——挡水板;12——排气管;13——弹簧安全阀;14——疏水进入管;15——人孔;16——吊攀

在喷雾除氧层下部,装置一些填料 7,如 Ω 形不锈钢片、小瓷环、塑料波纹板、不锈钢车花等,作为深度除氧层。经过初期除氧的水在填料层上形成水膜,使水的表面张力减小,水中残留的气体比较易于扩散到水的表面,被除氧塔下部向上流动的二次加热蒸汽带走,分离出来的气体与少量的蒸汽由塔顶排气管 12 排出。

(二)喷雾淋水盘式除氧器

图 2-34 所示为 600MW 机组上配套使用的 YYW-2000 型高压喷雾淋水盘卧式除氧设备整体结构,其中 YYW 分别表示除氧、压力、卧式,2000 为最大出力。该除氧设备主要部件是除氧器(或称为除氧头)和除氧水箱,另外还有一些相关的部件与之配套,这些部件包括温度计、压力表、液位计、安全阀等。

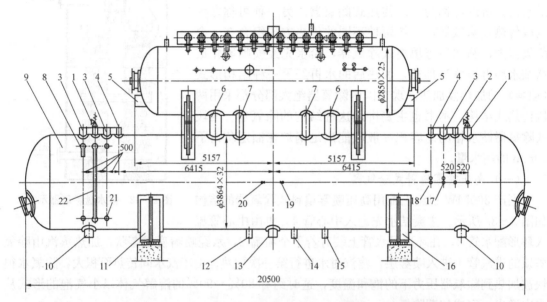

图 2-34 YYW-2000 型高压喷雾淋水盘卧式除氧设备整体结构

1—安全阀;2—磨煤机消防用汽口;3—锅炉给水泵再循环管;4—备用口;5—加热蒸汽入口(正常汽源);
6—除氧器下水接管(除氧头至除氧水箱间);7—除氧器汽平衡管;8—单室平衡容器;9—除氧水箱壳体;
10—给水出口;11—滑动支座 A;12—水箱排水;13—给水出口;14—溢流防水口;
15—去冷凝器的紧急放水口;16—固定支座 B;17—压力表;18—温度计;
19、20—加药接口;21—水位测量取样接口;22—磁翻板液位计

1. 除氧器结构

除氧器也称为除氧头,YYW-2000 型除氧器结构如图 2-35 所示。它主要由壳体、支座、进水装置、喷雾装置、淋水装置、填料层组成。

(1)壳体。除氧器壳体为卧式放置,采用厚度为(22+3)mm 的 SB42+SUS321 不锈钢复合钢板制成。由筒体和两个冲压成型的椭圆形封头焊接而成。壳体上焊有不同规格的对外接管,以连接不同汽、水进出除氧器。两端封头上各装有一个安装、检修时用的人孔。

(2)支座。除氧器底部装有两个支座,与水箱顶部两个上支座相配装,其间用螺栓连接,使整个除氧器平衡地叠装在水箱之上。为了补偿上下两支座不同的膨胀量而引起膨胀差,有必要时可在其中一对支座间放置固态的润滑材料。

(3)进水装置。由 1 根 $\phi530 \times 16$mm 的母管和均匀布置在母管全长的 30 个 PN1.6;DN80 的管接头焊制而成。凝结水经母管分配到各接管,然后流入到喷嘴。

(4)喷雾装置。除氧器顶部均匀布置 30 个出力为 50t/h 的弹簧喷嘴。喷嘴插入除氧器,

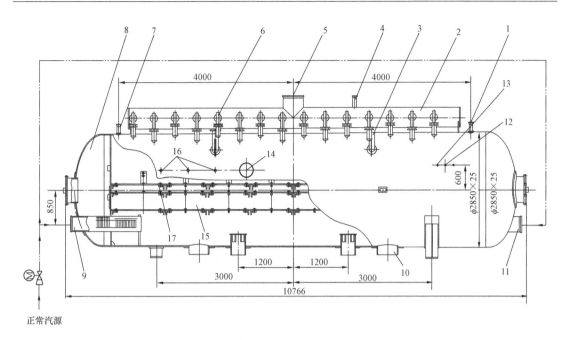

图 2-35　YYW-2000 型除氧器结构

1—排气口；2—进水装置；3—安全阀接口；4—暖风器疏水；5—凝结水入口；6—喷雾装置；7—排气口；
8—除氧器壳体；9—进汽装置；10—除氧器支座；11—加热蒸汽入口；12—压力表；13—温度计；
14—高压加热器疏水入口；15—填料装置；16—高压加热器排气入口；17—淋水装置

其上部与进水装置用螺栓连接。弹簧喷嘴部件全部采用不锈钢制成。它的优点是在各种负荷情况下都能保证水的雾化良好，以适应除氧设备变工况的需要。

（5）蒸汽装置。加热蒸汽从除氧器两端的封头引入，进入除氧器底部两进汽管，然后一部分流向除氧器两侧进入喷雾空间，另一部分经填料层、淋水装置上升到喷雾空间，与喷嘴喷出的雾状凝结水接触。凝结水被加热达到或接近除氧器工作压力下的饱和温度。

（6）淋水装置。由 $\delta=10$ 的不锈钢多孔板和 40 根 $\phi133\times4\text{mm}$ 的排汽管焊接而成，多孔板上开设有 8752 个 $\phi10$ 的孔。正常运行时，在多孔板上形成一层水垫层，以克服小孔的阻力及孔板上、下的蒸汽压差，使凝结水重新分配后呈淋雨状态均匀淋到下边的填料层内。另外，从水箱进来的蒸汽一小部分经填料层、淋水盘进到喷雾层。

（7）填料层装置。约 5.118×10^5 个环形填料置于上、下两块孔板之间，两边设有侧板，形成深度除氧空间，以保证除氧水含氧量符合技术要求。

（8）排汽管及下水管。除氧器顶部装有两个 $\phi89\times4.5\text{mm}$ 排汽管，底部装有两根 $\phi530\times12\text{mm}$ 的下水管连接到下面水箱内。

2. 除氧器水箱结构

除氧水箱由壳体、支座、再循环接管等组成。它是凝结水泵和给水泵之间的缓冲容器，在机组启动、负荷大幅度变化、凝结水系统故障或除氧器进水中断等异常情况下，可以保证在一定时间内（600MW 机组约为 5～10min）不间断地向锅炉供水。

（1）壳体。水箱壳体是由桶身和两个冲压椭圆封头焊接而成，卧式放置。壳体上装有各种不同规格的对外接管，如进水管、出水管、汽平衡管、安全阀接管、再循环接管、单室平衡容器接管、温度计接管、水位测量取样接管等。在两侧封头上各装有一个DN600人孔。

（2）支座。水箱共有两个上支座和两个下支座，两个上支座与除氧器支座配装。两个下支座一个为固定支座，另一个为滑动支座，设备受热膨胀后可自由在基础上滑动。

（3）再循环接管。再循环接管共3根，规格为$\phi 273\times 7mm$，管子插入水箱正常液位以下。再循环接管的作用一是机组在启动或低负荷时给水经再循环接管返回水箱，增大给水泵流量，以避免给水泵汽蚀和振动。二是机组启动时，由于给水含氧量尚未达到标准，此时不向锅炉供水，除氧水通过再循环管返回水箱。

为保证除氧器设备的安全运行，除氧器及其水箱上还设有安全保护系统、水位调节和压力调节装置、除氧器排气装置、水位控制及保护装置等。

卧式喷雾淋水盘式除氧器有如下优点：①卧座在除氧水箱上，其高度较低，有利于布置；②沿其长度方向上可布置多个排气口，使逸出的气体更快地排出，保证了除氧效果；③较长的凝结水进水室可布置相当数量的喷嘴，凝结水能形成良好的雾化，从而保证了除氧器滑压运行的除氧效果；④与除氧水箱的连接只需一根或两根下水管和两根蒸汽连通管，工地安装工作量小，易于保证连接质量。因此，在大容量机组中广泛应用。

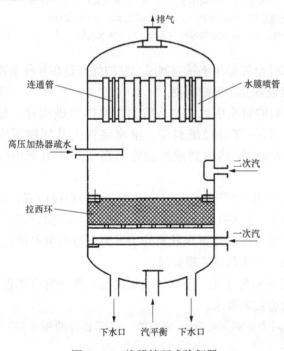

图2-36　旋膜填环式除氧器

（三）旋膜式除氧器

1. 旋膜填环式除氧器

图2-36所示为旋膜填环式除氧器。这是一种国内设计并发展起来的除氧器。其上段喷水成旋膜，下段是拉西环填环层。

在进水处，由上下两块环板焊接在筒壳内壁形成水室。在上下两块环板间焊接有多个管子，每根管子上钻有多个小孔，小孔与中心线间存在倾斜角，并且向下倾斜。水从水室内由小孔向管内喷出，由于存在倾斜角，水喷出时存在一个切向分力，使水流旋转。由于向下倾斜，除重力外还有加速向下流动的力，造成水流旋转流动向下形成水膜，呈抛物体旋转中空水膜裙状。在雾化室此水膜裙即为传热传质面积，蒸汽与它接触传热并使水初步除氧，如图2-37所示。

靠近喷管下端出口处另钻有小孔，作为蒸汽进入喷管的补充进口，以防止抛物体圆柱形旋转的中空水膜裙阻挡住蒸汽而在水膜裙中缺少蒸汽。在下部的拉西环填料层，进一步加热给水，对给水进行深度除氧。在填料层以下设有一次蒸汽进口，在填料层以上设有高温水进口（例如高压加热器疏水）以及二次蒸汽进口。少量的蒸汽携带着氧气从喷管内向上通过，并最终从除氧器顶部排出。

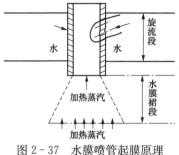

图 2-37　水膜喷管起膜原理

图 2-38 所示的拉西环是由 0.4～0.5mm 奥氏体不锈钢薄板（材质 1Cr18Ni9 或 1Cr18Ni9Ti）制成的直径为 25mm 和长度为 25mm 的圆环体，圆环上冲制出长方形的翼片，并向环内弯曲成向心的圆弧形，每立方米容积内装载的质量约为 400kg（每千克质量的数量约 120 只），每立方米容积内装载的数量约 5 万只，有非常好的除氧性能。

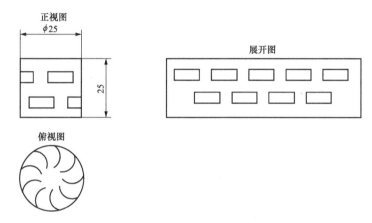

图 2-38　拉西环

尽管奥氏体不锈钢薄板价格很高，但因是利用边角余料冲压，所以价格相对较低。

2. 旋膜丝网式除氧器

图 2-39 所示为旋膜丝网式除氧器，它是在 20 世纪 80 年代末发展起来的，近几年有所应用。其上段喷水成旋膜，此旋膜的情况与旋膜填环式除氧器是一样的。其中段是三层半圆形的算条，算条可用直径为 38mm 的钢管，沿中心割开成半圆，焊接在框架内。水由上向下流到算条表面，并由两边向下流动形成水膜，算条起到传热和除氧的作用，此外还起到水再分配的均布作用，如图 2-40 所示。对于 1 台直径为 2m 的除氧器，算条的造膜面积约为 12.5m²。

该除氧器的下部是丝网填料，使用不锈钢丝网以卷制或折叠等方式制成，固定在框架内。把这种不锈钢丝网折叠或卷制成一定的高度，一般为 200mm 以上，由于水在网的表面可分布成水膜状，加大了汽水接触面积，其材质可为奥氏体不锈钢（1Cr18Ni9 或 1Cr18Ni9Ti）等。对于 1 台直径为 2m 的除氧器，当丝网填料高度为 200mm 时，其装载的丝网质量约 58kg。

因为汽水接触时的扰动，不锈钢丝网受到冲击，产生振动，且其在一定的压力和温度下工作，因此长期运行后，太细的钢丝可能产生脱落，游离至水箱，再吸入给水泵，对给水泵不利，所以不锈钢丝不宜太细，而且仅适用于参数不高、定压运行的除氧器中。

图 2-41 所示为现场使用的旋膜式除氧器的外观。

五、除氧器的运行

（一）除氧器运行中监视的主要参数

除氧器的正常运行应以保证良好稳定的除氧效果和给水泵的安全运行为主要目的。除氧

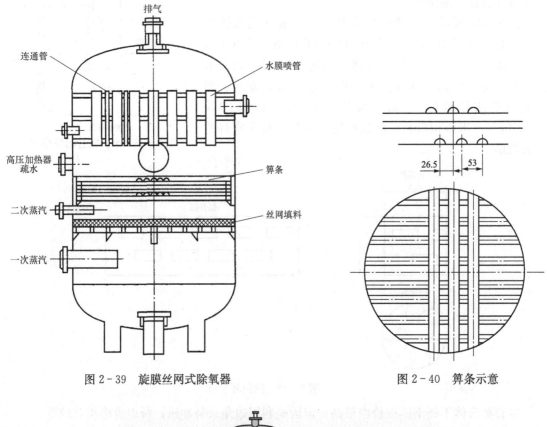

图 2-39　旋膜丝网式除氧器　　　　　　图 2-40　箅条示意

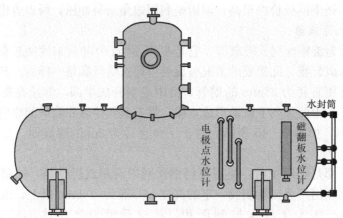

图 2-41　旋膜除氧器的外观

器在运行中，机组负荷、蒸汽压力、进水温度、给水箱水位等因素的变化，都会影响到给水的除氧效果和给水泵的安全运行。因此，在除氧器运行中应主要监视给水溶氧量、除氧器压力、给水温度和给水箱水位。

1. 溶氧量

在除氧器运行中，应定期化验给水溶氧量是否在正常范围内，要求给水溶氧量符合规定标准。要获得良好的除氧效果，必须满足热力除氧的基本条件。

除氧器进水温度太低或进水量过大、喷嘴雾化不良、淋水盘堵塞等，均会导致除氧效果恶化。因此，除氧器内部构件应保持良好的工作状态，除氧器的进水量和进水温度应满足设计工况。为防止除氧水加热不足，应及时或经常投运给水箱中的再沸腾器，以保证除氧效果。

通过试验确定除氧器排气门的合理开度，使分离出的气体及时排出，以减小气体在水面上的分压力，进而减小给水中的溶氧量。

对于具有一、二次加热蒸汽的除氧器，应调整一、二次蒸汽分配比例。若一次加热蒸汽阀门开度偏小，会使二次蒸汽压力升高，从而可能形成蒸汽把水托住的现象，使蒸汽的自由通路减少。一次加热蒸汽量不足会直接影响除氧效果，而一次加热蒸汽汽门开度过大时，二次蒸汽量将会不足，也将会影响深度除氧的效果。

2. 除氧器压力和给水温度

除氧器的压力和温度是正常运行中需要监视的主要指标，要求二者相互对应，即除氧水的温度达到除氧器压力下的饱和温度。当除氧器内压力突然升高时，水温会暂时低于对应的饱和温度，导致给水溶氧量增加；当压力升到过高时，会引起安全门动作，严重时甚至会导致除氧器爆裂损坏；当除氧器压力突然降低时，会导致给水泵入口汽蚀，影响给水泵安全运行。为此，运行时应保持除氧器压力稳定，要求除氧器压力调整器正常运行。同时，当机组负荷过低，本级加热蒸汽不能满足除氧器工作压力要求时，应及时切换至相邻压力较高的上一级抽汽，以维持除氧器的压力，保证给水泵的安全运行。

3. 除氧器水位

给水箱水位的稳定是保证给水泵安全运行的重要条件之一。给水箱水位过高，将引起溢流管大量跑水，甚至会沿抽汽管倒流入汽轮机，引起水冲击；水位过低，则会引起给水泵入口压力降低而汽化，影响给水泵安全运行，甚至被迫停炉。因此，除氧器水位应保持稳定，水位自动调节器要求能正常运行。

（二）除氧器的运行方式

目前火电厂除氧器运行广泛采用定压运行和滑压运行两种方式。

1. 定压运行

定压运行是指在除氧器运行过程中其工作压力始终保持定值。这种运行方式要求供给除氧器的抽汽压力一般要高出除氧器工作压力 0.2～0.3MPa，再经抽汽管上设置的压力调整器节流，才能保证机组负荷变化时除氧器的工作压力恒定不变，这势必会造成加热蒸汽的节流损失，降低机组的热经济性。当机组在低负荷运行时，若本级抽汽压力不能满足除氧器工作压力需要，则需切换至较高压力的上一级抽汽，节流损失将更大。虽然定压运行方式有上述缺点，但因其工作压力稳定，从而保证了良好的除氧效果和给水泵的安全运行，因此在电厂中得到了广泛应用。

2. 滑压运行

为保证运行的可靠性、提高热经济性，现代大容量机组大多采用滑参数运行方式，除氧器也相应采用滑压运行。

滑压运行是指除氧器的运行压力不是恒定的，而是随着机组负荷与抽汽压力的变化而改变。因此，在除氧器加热蒸汽管道上不设置压力调整器，从而避免了运行中抽汽的节流损失。同时，滑压运行的除氧器还可以作为一级回热加热器使用，所以在汽轮机设计制造中回热抽汽点能够得到合理布置，使机组的热经济性得到进一步的提高。

除氧器滑压运行也存在一些缺点。滑压运行时，除氧器内给水温度的变化速度，总是滞后于其压力的变化。当机组负荷突然增大时，除氧水温度不能及时达到饱和状态，致使除氧效果恶化。当机组负荷突然减小时，除氧水温度高于除氧器压力对应下的饱和温度，这虽然对除氧效果有利，但对安装于除氧器下方的给水泵则容易产生汽蚀，影响给水泵的安全运行。

为此，工程应用中，通过在除氧器内装设再沸腾器，来解决机组负荷突增时除氧效果的恶化；采取提高除氧器安装高度、给水泵前设置前置泵、加速给水泵入口处的换水速度等措施，防止在机组负荷突然减少时给水泵产生汽蚀。

（三）除氧器的故障

除氧器在运行中也可能出现故障，运行人员要分析故障产生的原因并及时消除故障。

（1）除氧器给水溶氧不合格。这是最常见的故障，其可能的原因有：①抽汽量不足是最常见的原因，进汽闸阀未开足，进汽压力调节阀失灵，其他支路用汽（如小汽轮机用汽）抽取太多等，均会造成抽汽量不足；②凝结水温度过低；③补给水含氧量过高或回收水含氧量过高；④除氧器（头）内喷嘴脱落或喷嘴堵塞致使雾化不良等；⑤一台新装除氧器，在初始运行阶段，其内部都是除盐水，所以在相当长一段时间内，除氧后给水含氧量不合格是正常现象。如投运后长期溶解氧不合格也有可能是除氧器设备本身存在问题，例如拉西环或Ω填环因滤网破损而发生部分落掉等。

（2）定压运行除氧器压力升高，滑压运行除氧器压力不正常升高。其可能的原因有：①进汽压力调节阀失灵；②凝结水或其他水源突然减少；③高压加热器疏水调节阀失灵；④阀门误操作或有大量其他汽源进入。

（3）定压运行除氧器压力降低，滑压除氧器不正常降低。其可能的原因：①进汽压力调节阀失灵；②机组负荷降低或热电厂抽汽热负荷增加；③进汽阀误关或阀芯脱落；④抽汽管道泄漏；⑤凝结水温度突然降低，或凝结水及其他水源流量突然增加；⑥安全阀误动作或动作后不回座。

（4）除氧器水位升高。其可能的原因：①补给水阀开度过大；②凝汽器管子泄漏；③给水泵故障跳闸或锅炉给水系统阀门误关；④水位自动调节阀失灵；⑤机组负荷突然降低。

（5）除氧器水位降低。其可能的原因：①水位自动调节阀失灵；②补给水量太少；③除氧器底部放水阀、除氧器至凝汽器放水阀或机组事故放水阀误开或不严密；④给水系统阀门误开，或给水系统、锅炉省煤器等管子泄漏；⑤机组负荷突然增加；⑥凝结水泵故障；⑦凝结水系统阀门误关，或阀芯脱落；⑧锅炉给水流量突然增大。

（6）除氧器的自生沸腾。除氧器除了使用抽汽作为加热汽源以外，还利用高压加热器的疏水进入除氧器后汽化产生的蒸汽，以及汽轮机各系统的门杆漏汽，作为除氧器的补充汽源。对于大气式或压力很低的除氧器，其饱和温度相对较低，进入除氧器内的给水所吸收的热量少，如果仅高压加热器疏水汽化的蒸汽的放热量就可满足加热给水的需要，这样，抽汽就停止进入除氧器，破坏了除氧器的汽水逆向流动，使除氧效果恶化，而大量的蒸汽将会被排出，这种现象在运行中是不允许的。对于高压除氧器，由于给水需吸收的热量较多，所以自生沸腾现象极少发生。

（7）排汽带水。在蒸汽量加大时，蒸汽流速增加，易把水滴从顶部排汽管中带出，即发生排汽带水现象。而在高负荷时以及进水温度降低时，则会影响传热条件，使除氧效果变差，造成出水含氧量恶化。

> **能力训练** ◀

1. 通过网络、参考书、现场拍照等途径，收集各种除氧器内部结构及外观相关图片，并进行交流学习。

2. 查阅有关与除氧器排汽利用有关的节能实例资料，对这些实例进行广泛学习和分析。

3. 查阅关于电厂除氧器运行中溶氧量增加的实例资料，对这些实例进行讨论，分析产生的原因，造成了哪些后果？现场采取了哪些处置措施？

任务三　凝　汽　设　备

> **任务目标** ◀

掌握凝汽设备的任务及其工作过程；熟悉凝汽设备的热力系统及组成；了解典型凝汽器的结构，了解凝汽器运行的基本知识。

> **知识准备** ◀

一、凝汽设备的任务

降低汽轮机的排汽压力可以提高循环热效率，而降低排汽压力的有效方法是通过凝汽设备使汽轮机的排汽凝结成水，当比体积很大的排汽在密闭的凝汽器中凝结成水时，其体积骤然缩小（在 0.0042MPa 的压力下蒸汽被凝结成水时，体积要缩小为原来的 1/32788），原来被排汽所充满的密闭空间就形成了高度真空。同时，汽轮机的排汽在凝汽器中凝结成洁净的水后，可重新送往锅炉，循环使用。

因此，凝汽设备的主要任务是：在汽轮机排汽口建立并保持高度真空；将汽轮机排汽凝结成洁净的凝结水作为锅炉给水，重新送回锅炉。设有除氧装置的凝汽设备还可以除掉凝结水中溶解的氧气，以减少氧气对主凝结水管路系统的腐蚀。

二、凝汽设备的组成

凝汽设备主要由凝汽器、循环水泵、凝结水泵、抽气设备以及它们之间的连接管道和附件组成，图 2-42 所示为最简单的凝汽设备原则性热力系统。汽轮机的排汽进入凝汽器并在其中凝结成水，排汽凝结时放出的热量，由循环水泵送入凝汽器冷却管中的冷却水带走，凝结水通过凝结水泵从凝汽器底部的集水箱（热井）中抽出，并送往锅炉。

由于凝汽器内形成高度的真空，外界空气就通过处于真空状态下的不严密处漏入凝汽器的汽侧空间，为了防止这些不凝结气体在凝汽器中逐渐积累，使凝汽器的真空下降，用抽气设备将空气不断地从凝汽器抽出。

凝汽设备中最主要的是凝汽器。下面就介绍凝汽器的有关知识。

三、凝汽器的工作过程

目前凝汽器基本上采用表面式凝汽器，图 2-43 所示为其结构及工作过程。它由外壳、管束及水室等构成。外壳通常是圆柱形、椭圆形和方箱形，现代大型机组常采用方箱形。上部为排汽的进口，通常称为喉部（接颈），它直接或通过补偿器接到汽轮机的排汽管上。两端是水室，它是由端盖、外壳和管板形成的，为数甚多的冷却水管安装于开有同样多孔的管

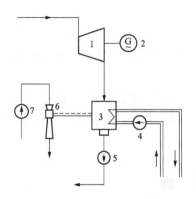

图 2-42 凝汽设备的原则性热力系统
1—汽轮机；2—发电机；3—凝汽器；4—循环水泵；
5—凝结水泵；6—抽气器；7—射水泵

板上。下部是收集凝结水的汇集井，称为热井。通常在热井水位上方，还布置除氧装置，对凝结水进行初步除氧，防止低压设备的除氧腐蚀。

凝汽器的空间被分成两部分：管内为冷却水空间（水侧），管外为蒸汽空间（汽侧）。冷却水从进口进入凝汽器的水室，沿图 2-43 中箭头方向在管内流动，进入另一端的水室后从出水口流出，吸收管外蒸汽放出的热量。汽轮机的排汽进入凝汽器的汽侧，在冷却水管的外表面被冷却凝结成水，最后汇集到热井。

漏入凝汽器汽侧的空气由抽气口抽出。为了减少抽气设备的负荷，必须使空气（混有部分蒸汽）在抽出之前，经过充分冷却以减少其容积

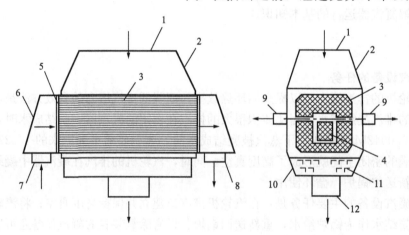

图 2-43 表面式凝汽器的结构简图
1—排汽进口；2—外壳；3—冷却水管；4—空气冷却区；5—管板；6—端盖；7—冷却水进口；
8—冷却水出口；9—抽气口；10—热井；11—除氧装置；12—出水箱

（使蒸汽进一步凝结下来）。因此，凝汽器中常分出所有冷却水管的 8%～10%，形成空气冷却区。

为了使蒸汽和空气的混合物向抽气口流动，在抽气口处必须保持一个比凝汽器蒸汽进口处压力更低的压力，两者的压力差称为凝汽器的汽阻。若抽气口处的压力一定，汽阻小时，凝汽器进口处压力就低，真空高；汽阻大时，凝汽器进口处压力就高，真空低。

汽轮机的排汽和冷却水在凝汽器中进行热交换时，理想情况下，蒸汽的凝结水温度应等于凝汽器进口压力下的饱和温度，即凝结水的温度应该等于排汽温度。但实际上，由于凝汽器结构和运行上的缺陷，使凝结水的温度低于排汽温度，这个温度差称为凝结水的过冷度。蒸汽在凝结过程中，漏入的空气与凝汽器的汽阻都会使凝汽器的过冷度增加。这是因为，凝汽器中的压力实际上是蒸汽和空气的分压力之和，而蒸汽是在自身分压力下凝结的，即凝结水的温度是蒸汽分压力下的饱和温度。当蒸汽的分压力减小时，凝结水的过冷度就会增大。同样排汽压力的情况下，汽阻越大，漏入的空气量越多，凝汽器中蒸汽的分压力越低，凝结

水的过冷度就越大。过冷度的增大，不仅使凝结水回热所需较高压力的抽汽量增加，蒸汽做功量减少，系统的热经济性降低，而且会增加凝结水中的溶氧量，对低压设备和管道产生腐蚀。

四、凝汽器的类型及结构

（一）凝汽器的类型

1. 按汽侧压力分

按凝汽器的汽侧压力可分为单压式和多压式凝汽器。

单压式凝汽器是指汽侧只有一个汽室的凝汽器，汽轮机的排汽口都在一个相同的凝汽器压力下运行。

随着汽轮机单机功率的增大和多排汽口的采用，凝汽器的汽侧被分隔成与汽轮机排汽口相应的、具有两个或两个以上互不相通的汽室，冷却水串行通过各汽室的管束，由于各汽室的冷却水温度不同，所建立的压力也不相同，这种具有两个或两个以上压力的凝汽器，称为双压或多压式凝汽器。

图 2-44（a）为单压式凝汽器示意，各排汽口都在同一凝汽器压力下运行。图 2-44（b）为双压式凝汽器示意，它的汽侧被密封隔板分成两个汽室。进入 1 汽室的蒸汽受较低温度冷却水的冷却，进入 2 室的蒸汽受较高温度冷却水的冷却。因此，1 室的汽压低于 2 室的汽压。同理，可将凝汽器设计成三压或四压式。

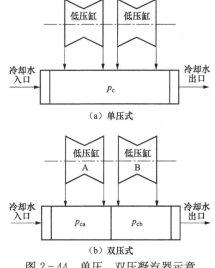

图 2-44　单压、双压凝汽器示意

多压式凝汽器与单压式相比较，由于每个汽室的吸、放热平均温度较为接近，热负荷均匀，因此，在同样的传热面积和冷却水量的条件下，多压凝汽器的平均压力较低，真空度较高，热经济性好。另外，多压式凝汽器合理布置，还可使凝结水的过冷度和抽气负荷减小。

2. 按汽流的形式分

凝汽器的抽气口安装的部位不同，构成了凝汽器中的不同汽流方向。按汽流的流动方向分为四种形式：汽流向下、汽流向上、汽流向心和汽流向侧式，如图 2-45 所示。目前应用最多的是后两种形式，这两种形式凝汽器中的蒸汽能直接流到底部加热凝结水，从而减小凝结水的过冷度，热经济性较好。而且，汽流到抽气口的流程较短，汽阻较小，能保证凝汽器有较高的真空度。

3. 按其他方式分

按冷却水在冷却水管中的流程，还可分为单流程、双流程和多流程凝汽器。单流程是指冷却水从凝汽器的一端进入由另一端直接排出，如图 2-46（a）所示；双流程是指冷却水在凝汽器中要经过一次往返后才排出，如图 2-46（b）所示；依次类推，还有三流程和四流程。一般多采用单流程或双流程凝汽器。

另外，凝汽器冷却水进、出水室用垂直隔板分成对称独立的两部分，称为对分式，如图 2-47 所示。这种形式的凝汽器可以进行不停机情况下的单侧清洗或检修，增加了运行的灵

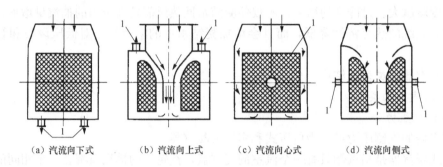

（a）汽流向下式　　（b）汽流向上式　　（c）汽流向心式　　（d）汽流向侧式

图 2-45　不同汽流方向的凝汽器示意

1—抽气口

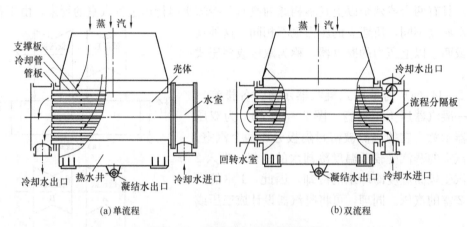

（a）单流程　　　　　　　　　　　　　　（b）双流程

图 2-46　单流程与双流程凝汽器

活性，减少了机组的启停次数，它多用于现代大型机组。

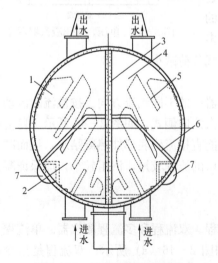

图 2-47　对分式凝汽器简图

1—冷却水第二流程管束；2—冷却水第一流程管束；
3—垂直隔板；4—蒸汽空间；5—蒸汽通道；
6—水室隔板；7—抽气口

（二）凝汽器的结构

凝汽器一般由喉部、壳体、管束、管板等组成。

1. 喉部

凝汽器的喉部又称为接颈，是蒸汽排向凝汽器的连接段，为使蒸汽能均匀地分布于整个管束，具有一定的扩散角。它不但要承担真空载荷，而且也是各种蒸汽和水的便利汇集点。现代大型凝汽器的喉部上，布置有汽轮机旁路的第三级减温减压器以及次末级和末级低压加热器。在减温减压器的上方，喉部内侧四周布置喷水管，在旁路蒸汽经过减温减压进入凝汽器的同时，喷水形成水幕，以保护低压缸。在喉部的下部，与低压加热器同高的位置设有驱动小汽轮机的排汽接口，这个部位小汽轮机排汽对主汽轮机排汽的流动基本上没有影响。喉部与汽轮机低压缸排汽口采用弹性连接（见图 2-48），以补偿运行时排汽缸与凝汽器之间的胀差，减少热应力，保证机组安全。

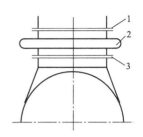

图 2-48　波纹管连接
1—排汽缸法兰；2—膨胀补偿器；
3—凝汽器法兰

2. 壳体

除小机组凝汽器采用生铁铸造的圆柱形壳体外，现代大型机组均采用由 10～15mm 厚的钢板焊接而成的方形壳体，外壳的内、外表面适当的位置焊有筋板，以增强壳体的刚度。热井设在壳体内，置于管束的下面，管束与热井之间留有充分的空间。这不仅保证了凝结水位变化的要求，而且使汽流与凝结水接触，有利于减小过冷度，提高除氧效果。

3. 管束

管束是凝汽器的传热面，其布置方式的合理性直接关系到凝汽器的安全经济运行。

管子在管板上的排列方法有三种：三角形排列、正方形排列和幅向排列，如图 2-49 所示。三角形排列具有换热效果好，布置紧凑等优点，所以它应用最广，但这种排列方式由于管子排列较密，形成的蒸汽流动阻力较大。后两种排列方式由于管子布置较稀，故气阻较小，但所占面积大，因此，它们一般用于凝汽器进口处，因为该处的蒸汽流量大，流速高。

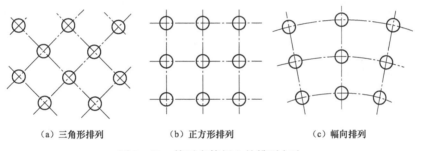

（a）三角形排列　　　　　（b）正方形排列　　　　　（c）幅向排列

图 2-49　管子在管板上的排列方法

虽然管子的布置方法只有三种，但它们组成的管束在管板上布置则多种多样。不管何种布置样式都要以增大传热效果、减小蒸汽流动阻力、降低凝结水的过冷度、减小抽气设备负荷为原则，具体措施有：①开始几排管子采用幅向排列，以增大蒸汽刚进入凝汽器的通流面积。为避免内层管束的热负荷过低，设有侧向通道使蒸汽能直接深入内层管束，并使沿汽流方向的管子排数尽可能少，降低蒸汽进入管束时的阻力；②设有一定的通道使蒸汽能自由地流向热井，以便用蒸汽加热凝结水，减小凝结水的过冷度；③在整个管束中，用挡汽板划出空气冷却区，以便空气得到更有效的冷却并使少量未凝结的残余蒸汽继续凝结，以减小抽气设备的负荷。同时要求空气冷却区离凝结水出口距离较远，以减小凝结水过冷度。图 2-50 所示为凝汽器空气冷却区示意，空气冷却区上部设有集气管，管子下面钻有很多小孔，空气集管的两端焊有空气引出管。不凝结气体和少量蒸汽经空气集管下面的小孔进入集管，再经空气引出管被引出。挡汽板的作用是防止蒸汽直接进入空气冷却区而被抽出。

根据上述原则，管束布置方式有带状、辐向块状和"教堂窗"式，如图 2-51～图 2-53 所示。

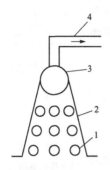

图 2-50　空气冷却区示意

1—冷却水管；2—挡汽板；3—空气集管；4—空气引出管

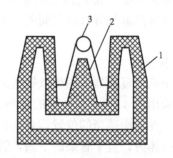

图 2-51　管束的带状布置示意

1—管束；2—空气冷却区；3—空气集箱

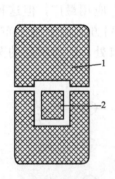

图2-52　管束的辐向块状布置示意

1—管束；2—空气冷却区

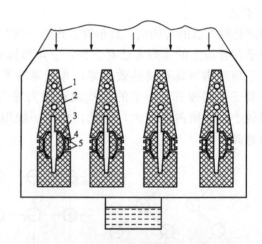

图 2-53　管束的"教堂窗"式布置示意

1—管束；2—拉杆；3—预冷却区；

4—空气冷却区；5—抽气口

4. 管子在管板上的固定方法

凝汽器的冷却水管子是由水管两端的两块管板固定的，管板上开有与冷却水管数量相等的孔，管子安装在管板上要求有高度的严密性，以防冷却水漏入汽侧污染凝结水。管子在管板上的固定方法有管环法、密封圈法、胀管法和多管孔隔板液体密封法等，如图 2-54 所示。

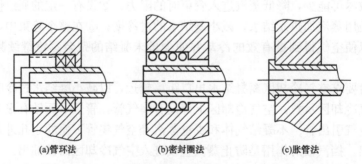

(a)管环法　　　　　　(b)密封圈法　　　　　　(c)胀管法

图 2-54　冷却水管在管板上的固定方法

管环法是将管子自由地装入管板孔中，然后用垫料密封，垫料外端有套筒（管环）压紧，如图 2-54（a）所示。在管板和垫料之间还要加一圈铅垫。这种结构的缺点是严密性差，制造复杂，垫料易腐烂而漏水，不易保证凝结水品质，所以目前较少采用。

密封圈法是利用密封圈的紧力来达到密封作用的，如图 2-54（b）所示。这种连接法的最大优点是管子能够自由膨胀，适用于温度变化较大的场合。

胀管法利用胀管器将管子的直径扩大，使管子产生塑性变形，从而使管子和管板孔紧密接触，并在接触表面形成弹性应力保证连接的强度和严密性，如图 2-54（c）所示。这种固定法不仅结构和工艺都很简单，且能保持高度的严密性。因此，目前大容量机组上的凝汽器几乎都采用这种方法。

对于多压式凝汽器，由于各汽室之间存在着压力差，蒸汽在这个压力差的作用下，就会从高压汽室漏入低压汽室，降低多压凝汽器的效果。所以在多压凝汽器的汽室隔板上安装冷却水管采用了"多管孔隔板液体密封法"。它是利用充满在管孔和冷却水管间隙中的凝结水本身的密封作用来阻止蒸汽从高压室漏入低压室的。隔板上的冷却管孔在高压侧进口端没有倒角，仅在低压侧有倒角（间隙的设计值和一般的支持隔板相同），并且管孔的位置在高压侧比低压侧高一些，这样可利用冷却水管的倾斜，凝结水很快到达高压侧隔板端面处，而间隙中始终被凝结水充满，从而防止漏汽。同时，间隙中的凝结水由于流入端的阻力大，泄漏量不多。

在凝汽器两端管板之间的冷却水管相当长，而冷却水管又比较细。为了避免管子的振动和减小管子的挠度，沿着管子的长度方向设有若干块中间隔板作为管子的支撑板。中间隔板的管孔中心比管子中心线略高，使管子抬高向上弯曲，一般为 5～10mm，如图 2-55 所示。这样不仅能够确保管子与隔板紧密接触，改善管子的振动特性，还可补偿管子受热时的弯曲应力。同时，能使凝结水

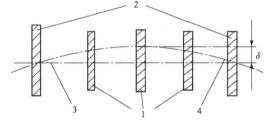

图 2-55　中间隔板布置示意
1—中间隔板；2—两端管板；3—两端管板管孔中心线；4—冷却水管子中心线

沿弯曲的管子向两端流下，以减薄积聚在下一排管子上的水膜，提高传热效果。

（三）典型凝汽器的结构介绍

1. N-15000-Ⅰ型凝汽器

N-15000-Ⅰ型凝汽器在 300MW 机组上，共装有 $\phi 20\times 1mm\times 11406mm$ 铜管 21552 根，冷却面积为 15350m²，凝汽器排汽压力为 4.09kPa，其结构如图 2-56 所示。

该凝汽器为单流程、对分表面式，纵向布置，两路冷却水流向相反，以减少汽轮机排汽沿管长的流动，提高运行的经济性。冷却水管束分为两个独立的部分，管束采用汽流向心式辐向块状布置。两个管束的中间分别设有空气冷却区，通过集气管由抽气器不断将不凝结气体抽出。

凝汽器的铜管利用胀接方式固定在管板上，中间有 8 块隔板，每块隔板的管孔中心相对于管板上管孔中心抬高不同高度，使管子和管板紧密接触，改善管子的振动特性，避开共振且能起到热补偿的作用。热井水位上方设有水封淋水盘式的除氧装置。

凝汽器外壳为方形，上部喉部与低压排汽缸焊接，下部依靠 40 只弹簧支撑在基础上。

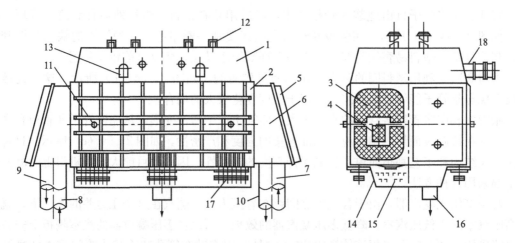

图 2-56　N300-16.7/550/550 型汽轮机凝汽器结构

1—喉部；2—壳体；3—冷却水管；4—空气冷却区；5—端盖；6—水室；7—前侧冷却水进口；8—后侧冷却水进口；
9—前侧冷却水出口；10—后侧冷却水出口；11—抽气口；12—抽气管道；13—低压加热器；14—热井；
15—除氧装置；16—出水箱；17—弹簧座；18—小汽轮机排汽接管

两端为水室，设计成斜型，端部设有用螺丝连接在水室上的大盖，大盖上开有供检修的人孔。

回热系统及其他有关系统疏水均由凝汽器喉部通入凝汽器，再经钻有许多小孔的专用疏水管均匀地喷洒出来。汽轮机旁路系统的蒸汽经减温减压后进入凝汽器喉部。

2. N-40000-Ⅰ型凝汽器

引进美国西屋公司技术国产 600MW 机组上采用 N-40000-Ⅰ型凝汽器。该凝汽器为双压、对分、单流程，其结构如图 2-57 所示。

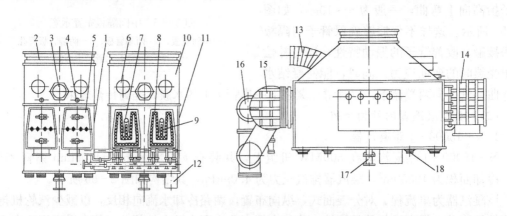

图 2-57　N-40000-Ⅰ型双压凝汽器结构简图

1—低压冷凝器；2—凝汽器补偿节；3—低压加热器接口；4—低压侧抽气口；5—水室端盖；6—低压旁路减温减压
器接口；7—空气集管；8—管束；9—空气冷却区；10—凝汽器喉部；11—高压凝汽器；12—集水井；
13—小汽轮机排汽接口；14—前水室；15—后水室；16—连通管；17—死点座；18—支撑座

它具有以下特点：

(1) 双压凝汽器的工作压力分别为 0.00402MPa 和 0.0053MPa。每台凝汽器都有两个管束，与之对应设有两个前水室和两个后水室，冷却水依次进入低压凝汽器前水室、低压凝汽器管束、低压凝汽器后水室，经两根连通管转向后进入高压凝汽器的后水室、高压凝汽器管束、高压凝汽器前水室，最后由出水管引出。

（2）管束布置成两个"山"字形带状结构，中间用挡板隔出空气冷却区。

（3）将高压侧空气冷却区的不凝结气体引进低压侧空气冷却区。由于低压侧的温度比单压凝汽器低，所以进入低压侧的空气可得到更好的冷却，使空气的比体积减小，减少抽气设备的负荷，从而减少耗功和抽气设备的备用量，提高经济性，减少投资。

（4）在凝汽器中将低压侧凝汽器热井抬高，其液位高于高压侧凝汽器热井液位，靠液位差使低压侧的凝结水自流入高压侧，在淋水盘中被高压侧蒸汽加热到高压凝汽器压力下的饱和温度。这样使低压侧的凝结水得到加热，减少了凝汽器的过冷度，提高了机组的热经济性。

五、凝汽器运行的基本知识

1. 影响凝汽器真空的因素

凝汽器的换热面积是在给定的汽轮机排汽量、凝汽器压力、冷却水进口温度以及选定的循环水量等条件下设计制造出来的。但是，实际运行中，汽轮机排入凝汽器的蒸汽量（蒸汽负荷）、循环水泵打入凝汽器的冷却水量和冷却水进口的温度都是经常变化的，凝汽设备和系统的严密性及冷却水管的清洁程度也要变化，因此凝汽器的真空必然会变化。

根据公式 $t_c = t_1 + \Delta t + \delta t$ 可知，凝汽器内凝结水的温度由冷却水进口温度、冷却水温升以及传热端差三个量决定，影响凝汽器真空的因素包括冷却水进口温度、冷却水温升及传热端差。下面分别予以讨论。

在其他条件不变时，冷却水进口温度越低，凝结水温度越低，真空升高；反之，则降低。冷却水进口温度主要与冷却条件和自然条件有关，采用江、河、湖、海取水冷却的开式冷却系统比采用凉水塔的闭式循环冷却系统冷却水温度低。冬天水温低，冷却效果好，凝汽器真空高。

在冷却水进口温度、传热端差和汽轮机排汽量一定的情况下，冷却水温升与冷却水量成反比。冷却水量越大，带走的热量越多，冷却水温升就越低，真空升高。若冷却水进口温度、传热端差和循环冷却水量一定，冷却水温升与排汽量成正比，排汽量越大，循环水出口温度越高，则真空降低。

对于运行中的凝汽器，空气的漏入和冷却水管结垢都会降低凝汽器的换热效果，在蒸汽负荷、冷却水量和冷却水温一定的情况下，使凝汽器真空降低。

当然，在凝汽器运行中并不是真空越高越好。凝汽器真空越高，汽轮机做功能力越强，但同时，循环水泵输送的循环水量需增多，而导致多耗功，只有当汽轮机因真空升高多做的功（净增功率）大于循环水泵多损耗的功时，才是有益的。通常将某一负荷下，汽轮机净增功率与循环水泵多耗功率之差为最大时的真空值，称为这一负荷下凝汽器的最佳真空，可通过实验获得。

2. 凝汽器的正常运行监视

加强对凝汽器在运行中的检查、分析、监督，是保持凝汽器在安全、经济状态下运行的一个有效手段。凝汽器运行状况好坏的标志，主要表现在以下三个方面：①能否达到最有利的真空；②能否保证凝结水的品质合格；③凝结水的过冷度能否保持最低。

正常运行的凝汽器，必须对以下参数进行定时记录：

(1) 凝汽器真空。凝汽器真空下降会减小蒸汽在汽轮机中的有效焓降，使机组的热经济性下降。真空严重下降时，汽轮机排汽温度升高，可能导致排汽缸变形，引起汽轮机动静碰磨，损坏设备。故正常运行时，凝汽器真空应在规定的范围内。当发现真空下降时，机组要降负荷运行，同时查找原因，并采取措施予以消除。若真空已降低到允许的下限值，仍不能减轻或消除时，就要做紧急停机处理。

凝汽器真空恶化可分为真空急剧下降与缓慢下降两种情况。凝汽器真空急剧下降的原因有：循环水中断；凝汽器内凝结水位升高，淹没了抽气器入口空气管口；抽气器喷嘴被堵塞，或疏水排出器失灵；汽轮机低压轴封中断，或真空系统管道破裂；发生错误操作；在冬季运行时，利用限制凝汽器冷却水入口的流量以保持汽轮机排汽温度，致使冷却水流速过低，在凝汽器冷却水出口管上部形成气囊，阻止冷却水的排出。

引起凝汽器真空缓慢下降的主要因素有：冷却水量不足；冷却水温上升过高，（通常发生在夏季，采用循环供水系统更容易产生这种情况）；凝汽器内冷却水管结垢或脏污；凝汽器内缓慢漏入空气；抽气器效率降低；冷却水内有杂物使部分冷却水管被堵塞。

上述事故情况若处理不及时，将会迫使机组停机。因而要求运行人员做到熟悉运行设备，迅速发现设备的故障点，确保安全、经济生产。

凝汽器真空缓慢下降，虽然危害较小，允许在较长时间内寻找故障点，但找出故障点也是比较困难的。

(2) 凝结水温度。凝结水温度与正常工作压力相对应。温度过高会使排汽缸变形，造成汽轮机事故；而温度过低，不仅会使凝结水的含氧量增加，还会增加了凝结水的过冷度，降低了机组的热经济性。凝结水温度过低的主要原因有：凝汽器水位过高，淹没冷却水管，凝结水的热量直接由冷却水带走；凝汽器内积聚空气，使蒸汽分压力减小；管子排列不佳，蒸汽流动阻力过大等。

(3) 凝汽器水位。要保持凝汽器水位在正常范围内。水位过高，不仅使凝汽器真空下降，还会造成冷却水带走凝结水的热量，致使凝结水过冷度增大；水位过低，又会使凝结水泵汽蚀。凝汽器水位主要由主凝结水系统的补水调节阀和高水位放水阀控制。

(4) 凝结水品质。为了防止热力设备结垢和腐蚀，在运行过程中还要经常对凝结水水质进行监督。使凝结水的硬度、含氧量及 pH 值等在规定的范围内。运行中若发现水质不合格，其主要原因是冷却水漏到汽侧。这时，应检查泄漏的冷却水管，并予消除。

凝汽器的运行监视项目见表 2-2。

表 2-2　　　　　　　　　　　　　　凝汽器的运行监视项目

序号	测量项目	单位	仪表测点位置
1	大气压力	kPa	表盘
2	排汽温度	℃	排汽缸
3	凝汽器真空	kPa	凝汽器接颈
4	冷却水进口温度	℃	冷却水进口处之前
5	冷却水出口温度	℃	冷却水出口处

序号	测　量　项　目	单位	仪表测点位置
6	凝结水温度	℃	凝结水泵之前
7	被抽出的气、汽混合物温度	℃	抽气器抽空气管道上
8	冷却水进口压力	kPa	冷却水进口之前
9	冷却水出口压力	kPa	冷却水出口处
10	凝结水流量	m^3/s	再循环管后的凝结水管道上

3. 凝汽器的真空严密性试验及检漏方法

(1) 凝汽设备汽侧的严密性。为了监视凝汽设备在运行中真空系统的严密程度，要定期做真空严密性试验，试验是在汽轮机额定负荷的 80%～100% 下进行的。试验前必须确定抽气器空气阀是否严密，否则试验结果毫无价值。

试验时先把汽轮机负荷稳定在一定位置上，再通知主控室维持机组负荷稳定，通知锅炉运行人员保持蒸汽参数稳定。然后缓慢关闭主抽气器的空气阀，同时严密监视凝汽器的真空变化情况。若在阀门关闭过程中凝汽器内真空下降较大，则应立即停止试验，恢复至运行状态，并寻找原因。

抽气器空气阀关闭并稳定之后，开始记录凝汽器内真空值下降速度。一般试验时间为 3～5min，真空平均下降速度小于或等于 130Pa/min，认为真空系统严密性为优秀；真空平均下降速度小于 267Pa/min，则认为真空系统严密性为良好；真空平均下降速度小于或等于 400Pa/min，则认为真空系统严密性为合格；当真空平均下降速度接近或大于 665Pa/min 时，说明漏气严重，必须进行检查并设法消除。在试验过程中，总的真空下降值不能超过 665～931Pa。

(2) 凝汽设备汽侧查漏方法。在汽轮机运行中，查找凝汽器漏气点所用的传统方法是，把蜡烛火焰放在可能漏气的地方观察（此法不适用于氢气冷却的发电机系统），如火焰被吸入则证明该处漏气。有时也可将肥皂水涂抹在可能漏气的点上，根据肥皂水泡是否被吸入来判断是否漏气。还有用气味强烈的薄荷油抹在可能漏气的点上，通过嗅抽气器的空气排出口是否有薄荷油味来判断该处是否漏气，但是用这种方法一次只能检查一个地方。

现在电厂有一种氦气检漏仪法，检漏仪系统如图 2-58 所示，"→"为泄漏检测点。使用时将氦气释放于真空系统的焊缝、管接头、法兰和阀门等可能泄漏的地方，然后经真空泵 4 取样，由检漏仪 5 分析出试样中含氦气的浓度，从而分析确定泄漏的位置和泄漏的严重程度。氦气检漏仪法查找漏点时，不影响机组的运行，并且经多个电厂使用验证，效果非常好。

全面寻找凝汽器漏气点的最好方法，是在汽轮机停止状态时采用真空系统过水压试验。汽轮机停止后，对于用弹簧支承的凝汽器，首先用螺栓将凝汽器支撑起来，然后把所有与真空系统相连的管道、阀门关闭，再往凝汽器内注入软化水（使用软化水可防止机组启动时对凝结水质产生影响），当凝汽器内水位升至汽封洼窝以下 100mm 处停止注水，各加热器、抽汽管道以及在汽轮机启动时处于真空状态的管道和设备均应灌水。检查各低压抽气系统和真空系统是否有漏水处，漏水点即为运行时的漏气点。在凝汽器排水过程中一定要注意将进入蒸汽管路的水排净，防止机组启动时发生水击现象。

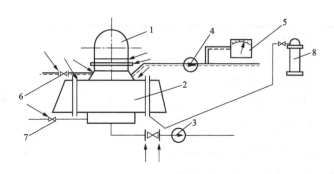

图 2-58　氦气检漏仪

1—汽轮机低压缸；2—凝汽器；3—凝结水泵；4—真空泵；5—检漏仪；6—排气管；7—疏水接管；8—氦气瓶

（3）凝汽器水侧的严密性。凝汽器在运行中不允许冷却水漏入汽侧空间，即使是微小的泄漏也会使凝结水质变坏，引起机、炉有关设备结垢。若严重泄漏，则会造成凝结水位升高，凝汽器真空恶化而停机。

如果凝汽器冷却水管渗漏不严重，在凝结水质基本合格的情况下不必立即停机，可采用往冷却水里加锯末子或麦糠的方法临时将漏孔堵住，暂时维持机组运行，待有机会停机时再将漏点找出，用特制的紫铜棒将漏管堵塞。

对分制的凝汽器，可在保持机组运行状态下处理冷却水管泄漏故障。处理方法是将机组负荷降至1/2，轮流进行半侧停水，确定漏水侧。但在停止冷却水之前，要先将停水侧通往抽气器的空气阀关闭，防止未冷却的蒸汽进入抽气器，影响抽气器的正常工作。泄漏侧确定后，可在运行中进行半侧检修。

打开凝汽器水室检查冷却水管泄漏的方法可用烛光法或塑料薄膜法，也可用肉眼直接观察，因为泄漏的冷却水管两端一般不流水或流得很少，而不漏水的管子两端流水较多。

▶ 能力训练 ◀

1. 通过网络、参考书、现场拍照等途径，收集各种凝汽器内部结构及外观相关图片，并进行交流学习。

2. 查阅关于电厂凝汽器真空降低等故障的实例资料，对这些实例进行讨论，分析故障产生的原因，造成了哪些后果？现场采取了哪些处置措施？

3. 结合实例讨论说明，凝汽器真空是如何形成的？

综 合 测 试

一、回答下列概念

1. 外置式蒸汽冷却器；2. 大气式除氧器；3. 除氧器的"自生沸腾"；4. 除氧器的定压运行方式；5. 凝汽器的汽阻；6. 凝结水的过冷度；7. 高压加热器；8. 表面式加热器的端差；9. 高压除氧器

二、填空

1. 我国常用的加热器主要有_____式和_____式两种。

2. 大容量机组卧式高压加热器的传热面一般设置为三部分：即_____、_____

和_____。

　　3. 我们学习过的疏水装置有_____、_____及
_____等。

　　4. 高压加热器自动旁路保护装置的作用是：_____。目前，高压加
热器采用的给水自动旁路保护装置主要有两种形式：即_____和_____。

　　5. 给水中的溶解气体一般会带来以下危害：即_____和_____。

　　6. 热力除氧原理是以_____和_____作为理论基础的。

　　7. 对于滑压运行除氧器，当机组负荷增大时，除氧水温度的升高____压力的增加，
除氧水不能及时_____，致使除氧效果____；当机组负荷减小时，除氧水温度的下降
____压力的减小，使除氧水的温度____除氧器压力对应下的饱和温度，这虽然使除氧效果
变好，但安装于除氧器下面的给水泵容易发生____。

　　8. 现代电厂中常用的抽气设备有：_____、_____和_____等。

　　9. 影响凝汽器真空的因素有：_____、_____和_____等。

三、回答下列问题

　　1. 试述轴封加热器的作用；卧式高压加热器的传热面一般分成三段，它们各有什么
作用？

　　2. 回热加热器在运行中传热端差过大可能是哪些原因造成的？

　　3. 简述热力除氧原理。保证热力除氧效果的必要条件有哪些？

　　4. 除氧器的溶氧量增加可能是由哪些原因造成的？应采取哪些措施才能保证除氧效果？

　　5. 凝汽设备的任务是什么？它主要由哪些部件组成？这些部件各有什么作用？

　　6. 在运行中造成凝汽器真空下降的原因有哪些？

　　7. 绘出设置有外置式疏水冷却器的疏水系统，并标注各设备的名称。

　　8. 绘制水膜喷嘴起膜原理图，并简述旋膜的形成过程。

　　9. 绘出凝汽设备的原则性系统图，并标注各设备的名称。

　　10. 高压加热器给水自动旁路保护装置有哪两种控制形式？分别叙述它们的工作过程。

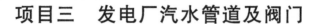

项目三 发电厂汽水管道及阀门

> 项目目标 ◀

　　了解发电厂管道的规范和材料，管道的补偿、支持与保温；掌握管道的运行维护知识及闸阀、截止阀、抽汽止回阀等电厂常用阀门的结构和工作原理。

任务一 发电厂的汽水管道

> 任务目标 ◀

　　了解发电厂管道常用的材料、支吊、保温及涂色规定，掌握管道的技术规范和补偿方法。了解管道的一般运行维护常识。

> 知识准备 ◀

　　发电厂管道的主要任务是把蒸汽和水从一个设备输送到另一个设备，或把它们排放到大气、地沟里去。另有部分管道的工作介质分别是油、重油以及压缩空气等。

一、管道的类别和材料

　　1. 管道的类别

　　发电厂的管道按管内介质的工作压力分为七类，如表 3-1 所示。

表 3-1　　　　　　　　按管内介质的工作压力划分的管道类别

序号	介质工作压力（MPa）	类别	序号	介质工作压力（MPa）	类别
1	>25	超超临界压力	5	6.0~9.8	高压
2	22.12~25	超临界压力	6	2.5~5.9	中压
3	13.8~22.1	亚临界压力	7	<2.5	低压
4	9.9~13.7	超高压			

　　按制造方法不同，钢管可分为有缝钢管和无缝钢管。有缝钢管又分为直缝管和螺旋焊缝管等，无缝钢管又分为冷轧管和热轧管。发电厂高压管道均采用无缝钢管，低压管道可采用直缝管。

　　2. 管道的材料

　　发电厂汽水管道多为黑色金属管道，常用的管道材料有普通碳素钢、优质碳素钢、普通低合金钢及耐热合金钢，发电厂管材的选择主要依据管内介质的最高工作温度，表 3-2 给出了常用管材的钢号及推荐使用温度。

表 3-2		常用管材的钢号及推荐使用温度	
钢种	钢　　号	推荐使用温度（℃）	允许的上限温度（℃）
普通碳素钢	A3F	0～200	250
	A3，A3g	-20～300	350
优质碳素钢	10	-20～440	450
	20	-20～450	450
普通低合金钢	16Mn	-40～450	475
	15MnV	-20～450	500
耐热钢	15GrMo	510	540
	12Gr1MoV	540～555	570
	12MoVWBSiRe（无铬 8 号）	540～555	580
	12Gr2MoWVB（钢 102）	540～555	600
	12Gr3MoVSiTiB（Ⅱ11）	540～555	600

无缝钢管材料为 10 号或 20 号优质碳素钢和合金钢。无缝钢管适用的压力和温度范围广，除用于主蒸汽管道、中间再热蒸汽管道和给水管道外，还用于比较重要的低压管道和具有腐蚀性介质或易发生火灾介质的管道，如主凝结水管、低压给水管、燃油管、润滑油管、酸碱管等。

直缝管是用钢板卷制而成，材料一般为 A3F 钢或 16Mn 钢。主要适用于压力不超过 PN16，温度不超过 300℃ 的低压管道中，如循环水管、补给水管、锅炉烟、风管道、工业水管、除灰管等。通常使用在管径大于 300mm 的大口径管道上。

二、管道规范

为了实现管道制造和使用上的标准化，我国对管道及其附件制定了两个技术规范——公称压力和公称直径，以此作为管道的承压等级和计算直径等级。

1. 公称压力 PN

管道所能承受的最大工作压力，不仅取决于管道材料，还与管内介质的工作温度有关。当管材一定时，随着介质温度的升高，管道允许的工作压力就会降低，这给管道的设计与选用带来不便。为此，对同一材料，不同的温度下管道允许的工作压力，都折算成某一基准温度下的允许工作压力，并以此压力表示管道的承压等级，称为公称压力（PN）。对于碳素钢，这一基准温度为 200℃，耐热钢为 350℃。表 3-3 为 20 号钢的公称压力、试验压力及在各种介质温度下的最大工作压力。表 3-4 为含钼不少于 0.4% 铬钼合金钢管子的公称压力。其他材料的公称压力可查阅《火力发电厂汽水管道设计技术规定》。

表 3-3		20 号钢管子的公称压力						
公称压力 PN（MPa）	试验压力 p_T（MPa）	设计温度（℃）						
		≤200	250	300	350	400	425	450
		允许工作压力 p（MPa）						
		p_{20}	p_{25}	p_{30}	p_{35}	p_{40}	$p_{42.5}$	p_{45}
0.10	0.20	0.10	0.09	0.08	0.07	0.06	0.05	0.04
0.25	0.31	0.25	0.24	0.21	0.19	0.17	0.14	0.10

公称压力 PN (MPa)	试验压力 p_T (MPa)	设计温度（℃）						
		≤200	250	300	350	400	425	450
		允许工作压力 p（MPa）						
		p_{20}	p_{25}	p_{30}	p_{35}	p_{40}	$p_{42.5}$	p_{45}
0.40	0.5	0.40	0.39	0.35	0.31	0.27	0.22	0.16
0.60	0.75	0.60	0.58	0.52	0.46	0.40	0.34	0.24
1.00	1.25	1.00	0.97	0.87	0.78	0.68	0.57	0.41
1.60	2.0	1.60	1.56	1.4	1.25	1.08	0.91	0.66
2.5	3.1	2.5	2.4	2.2	1.9	1.7	1.42	1.03
4.0	5.00	4.0	3.9	3.5	3.1	2.7	2.2	1.65
6.4	8.0	6.4	6.2	5.6	5.0	4.3	3.6	2.6
10.0	12.5	10.0	9.7	8.7	7.8	6.8	5.7	4.1
16.0	20.0	16.0	15.6	14.0	12.5	10.8	9.1	6.6
20.0	25.0	20.0	19.5	17.5	15.6	13.6	11.4	8.2
25.0	32.0	25.0	24.3	21.9	19.5	17.0	14.2	10.3
32.0	40.0	32.0	31.2	28.0	25.0	21.7	18.2	13.2
40.0	50.0	40.0	39.0	35.0	31.2	27.2	22.8	18.5
50.0	60.0	50.0	48.7	43.8	39.0	34.0	28.5	20.7

表 3-4　　　　　　　　　含钼不少于 0.4% 的铬钼合金钢管子的公称压力

公称压力 PN (MPa)	试验压力 p_T (MPa)	设计工作温度（℃）								
		≤350	400	425	450	475	500	510	520	530
		允许工作压力 p（MPa）								
		p_{35}	p_{40}	$p_{42.5}$	p_{45}	$p_{47.5}$	p_{50}	p_{51}	p_{51}	p_{53}
0.1	0.2	0.1	0.09	0.09	0.08	0.07	0.06	0.05	0.04	0.04
0.25	0.4	0.25	0.23	0.21	20.0	0.18	0.14	0.12	0.11	0.09
0.4	0.6	0.4	0.36	0.34	0.32	0.28	0.22	0.20	0.17	0.14
0.6	0.9	0.6	0.55	0.51	0.48	0.43	0.33	0.3	0.26	0.22
1.0	1.5	1.0	0.91	0.86	0.81	0.71	0.55	0.5	0.43	0.36
1.6	2.4	1.6	1.5	1.4	1.3	1.1	0.9	0.8	0.7	0.6
2.5	3.8	2.5	2.5	2.1	2.0	1.8	1.4	1.2	1.1	0.9
4.0	6.0	4.0	4.0	3.4	3.2	2.8	2.2	2.0	1.7	1.4
6.4	99.6	6.4	6.4	5.5	5.2	4.5	3.5	3.2	2.8	2.3
10.0	15.0	10.0	10.0	8.5	8.1	7.1	5.5	5.0	4.3	3.6
16.0	24.0	16.0	16.0	13.7	13.0	11.4	8.8	8.0	4.9	5.7
20.0	30.0	20.0	20.0	17.2	16.2	14.2	11.0	10.0	8.6	7.2
25.0	35.0	25.0	25.0	21.5	20.2	17.7	13.7	12.5	10.8	9.0
32.0	43.0	32.0	32.0	27.5	25.9	22.7	17.6	16.0	13.7	11.5

公称压力 PN (MPa)	试验压力 p_T (MPa)	设计工作温度（℃）								
		≤350	400	425	450	475	500	510	520	530
		允许工作压力 p（MPa）								
		p_{35}	p_{40}	$p_{42.5}$	p_{45}	$p_{47.5}$	p_{50}	p_{51}	p_{51}	p_{53}
40.0	52.0	40.0	40.0	34.4	32.4	28.4	22.0	20.0	17.2	14.4
50.0	62.0	50.0	50.0	43.0	40.5	35.5	27.5	25.0	21.5	18.0
64.0	80.0	64.0	64.0	55.0	51.8	45.4	35.2	32.0	27.5	23.0
80.0	①	80.0	80.0	68.8	64.8	56.8	44.0	40.0	34.4	28.8
100.0	①	100.0	100.0	86.0	81.0	71.0	55.0	50.5	43.0	36.0

① 试验压力根据不同要求自行决定。

国家标准中将管道压力分为若干个公称压力等级，管内介质温度由 0℃ 至材料允许的最高温度间又分为若干个温度等级。每一温度等级下的压力值则为相应温度等级下的允许最大工作压力。在第一个温度等级内允许最大工作压力就是管道的公称压力。在同一公称压力下，随着介质工作温度的升高，管道的最大允许工作压力降低。因此公称压力与管道的工作温度和允许工作压力有关，它是管道工作温度与允许工作压力的组合参数，表示了管道的承压等级，其表示方法如下：

PN16：表示管道公称压力为 16MPa；

$p_{40}25$：表示管道工作温度为 400℃ 时允许最大工作压力为 25MPa。

表 3-3 和表 3-4 中还表明不同公称压力时对应的试验压力，试验压力是检验管道及管道附件严密性时的压力。试验压力一般采用水压试验，水压试验压力（表压）应不小于最大工作压力的 1.5 倍，且不小于 0.2MPa。水压试验介质温度不低于 50℃，也不大于 70℃，试验时环境温度不得低于 5℃。

2. 公称通径 DN

一定外径（D_o）的管子随着管内介质工作压力的不同，为满足强度要求，就应有不同的管壁厚度（S），使得内径尺寸（D_i）各不相同，这给管道的设计、制造和选用带来许多不便，且在允许的介质流速和压损下，管道的通流能力是由管道内径决定的。因此，国家标准规定管道的内径等级作为公称通径，在进行管道设计、制造及管件连接时，都采用公称通径作为管道的基本尺寸。

管道及附件的公称通径等级范围在 1～4000mm 之间，共分 54 级，如表 3-5 所示。其表示方法为 DN×××，其中 ××× 为公称通径，单位为 mm，如 DN100 表示管道的公称通径为 100mm。

表 3-5 我国管道的公称通径

公 称 直 径 DN						
1	7	50	225	700	1500	3000
1.5	8	65	250	800	1600	3200
2	10	80	300	900	1800	3400
2.5	15	100	350	1000	2000	3600

		公 称 直 径 DN			
3	20	125	400	1100	2200	3800
4	25	150	450	1200	2400	4000
5	32	175	500	1300	2600	
6	40	200	600	1400	2800	

　　公称通径只是名义上的计算内径，一般并不等于管子的实际内径。对于同一材料、同一公称通径的管子，随着公称压力的升高、壁厚的增大，管子的实际内径与公称通径的差距也越来越大。表3－6和表3－7分别为20号钢钢管和高压蒸汽管道的钢管规范。

表 3 - 6　　　　　　　　　　　　20 号钢钢管规范

品种	PN2.5、PN4.0		PN6.4		PN≤10.0	
DN	$D_o \times S$ (mm)	每米管重 (kg/m)	$D_o \times S$ (mm)	每米管重 (kg/m)	$D_o \times S$ (mm)	每米管重 (kg/m)
10	—	—	—	—	14×2.0	0.592
15	18×2.0	0.789	18×2.0	0.789	18×2.0	0.789
20	25×2.0	1.13	25×2.0	1.13	25×2.0	1.13
25	38×2.5	1.82	38×2.5	1.82	32×2.5	1.82
32	45×2.5	2.19	45×2.5	2.19	38×2.5	2.19
(40)	57×3.0	2.62	57×3.0	2.62	45×3.0	3.11
50	73×3.0	4.00	73×3.0	4.00	57×3.0	4.00
(65)	73×3.0	5.18	73×3.0	5.18	73×3.5	6.00
80	88×3.5	7.38	88×3.5	7.38	89×4.5	9.38
100	108×4.0	10.26	108×4.0	10.26	108×4.5	11.49
125	133×4.0	12.73	133×4.0	12.73	133×6	18.79
150	159×4.5	17.15	159×4.5	17.15	159×7	26.24
(175)	194×5.0	23.34	194×5.0	23.34	194×8	36.70
200	219×6.0	31.52	219×6.0	31.52	219×9	46.61

表 3 - 7　　　　　　　　　　　高压蒸汽管道的钢管规范

p_{54}17.4 无缝钢管			p_{54}14.0 无缝钢管					
材料 12Cr1MoV			材料 12Cr1MoV			材料 12Cr1Mo910		
DN	$D_o \times S$	每米管重	DN	$D_o \times S$	每米管重	DN	$D_o \times S$	每米管重
mm		kg/m	mm		kg/m	mm		kg/m
10	16×2.5	0.822	10	16×2.5	0.822	100	133×7.5	49.9
20	28×2.5	1.57	20	28×3.0	1.85	125	168.3×22.2	80
32	42×3.0	2.88	32	42×4.0	3.75	150	193.7×28	114
40	48×3.5	3.84	40	48×5.0	5.30	175	219.1×30	140
45	60×4.5	6.16	45	60×6.0	7.99	200	244.5×36	185

p_{54}17.4 无缝钢管			p_{54}14.0 无缝钢管					
材料 12Cr1MoV			材料 12Cr1MoV			材料 12Cr1Mo910		
DN	$D_o \times S$	每米管重	DN	$D_o \times S$	每米管重	DN	$D_o \times S$	每米管重
mm		kg/m	mm		kg/m	mm		kg/m
50	76×6.0	10.40	50	76×8.0	13.42	225	273×40	229
65	89×7.0	14.1	65	89×9.0	17.76	250	323.9×45	309
80	108×8.0	19.73	80	108×11	26.31	275	35.6×50	377
100	133×10	30.33	100	133×14	41.09	325	406.4×55	477
125	168×12	46.16	125	168×16	59.98			
150	194×14	62.15	150	194×20	90.26			
175	219×16	80.10	175	219×22	106.86			
200	245×18	100.77	200	245×25	135.64			
225	273×20	124.79	225	273×28	169.18			
250	325×25	185.10	250	325×32	231.23			
300	377×28	241.20	300	377×36	302.77			
350	426×30	292.90	350	426×40	380.77			

三、管道的热膨胀与热应力

（一）管道的热膨胀与热应力

发电厂的许多管道经常工作在较高的温度下，如主蒸汽管道、再热蒸汽管道和主给水管道等。管道从停运状态到运行状态，或从运行状态到停运状态，其温度变化很大（主蒸汽管道、再热蒸汽管道其温度变化可达 600℃左右），从而引起管道的热胀冷缩。

管道从冷状态到投入运行的过程中会引起热膨胀，由于这些管道很长，其热伸长会达到很大的数值；如果管道的布置和支吊架的选择配置不当，则会由于热膨胀使管道产生很大的热应力，致使管道和与管道相连的热力设备等的安全受到严重威胁，甚至会遭到破坏。

因此，要保证热力管道及设备的安全运行，就必须考虑汽水管道的热膨胀问题。

如果管道的两端加以固定，那么由于管子膨胀受阻，将在管壁内产生很大的热应力。为了对管道受热膨胀时引起的热应力及推力有一个数量上的概念，我们来举一个例子。

例如：某厂 300MW 机组的主蒸汽管道 ϕ534.5×83.1mm，两端由固定支架支撑，管道材料为 A335P22 合金钢（ASTM 标准），停运与工作时的温差为 500℃，钢材的弹性模量 $E=1.755\times10^9$Pa，线膨胀系数 $\alpha_t=13.5\times10^{-6}$m/（m·℃），则应力为

$$\sigma = \alpha_t \Delta t E = 13.5\times10^{-6}\times500\times1.755\times10^9 = 1.184\times10^7 \text{（Pa）}$$

管道的横断面积为

$$A = \frac{\pi(D^2-d^2)}{4} = \pi\times(534.5^2-368.3^2)\times10^{-6}/4 = 0.1178\text{（m}^2\text{）}$$

对管道固定支撑点的推力为

$$F = \sigma A = 1.184\times10^7\times0.1178 = 1.395\times10^6 \text{（N）}$$

由此可见，热膨胀所产生的应力和推力很大，若管道的布置或支吊架选择不当，将威胁

管道及与管道相连的热力设备的安全运行。

（二）影响热应力的因素

由前面热应力的分析可知，温差、管道弹性和约束（支吊架）是影响管道热应力的主要因素。

1. 温差的影响

管道温差越大，产生的热应力和推力也越大，而温差大小是由管道的工作条件决定的，不能改变，但运行中应严格监视高温管道的介质工作温度，防止其超过设计值，以免产生较大的热应力。

2. 管道弹性的影响

在同样的固定支架支撑下，直管段刚度大，弹性小，受热膨胀时产生较大的热应力和推力。若采用具有较大弹性的弯曲管子，就能利用其自身的弯曲变形和扭转变形来吸收一部分管道的热膨胀，使热应力以及对固定支架的推力都相应减少。

管道的弹性取决于管材的物理特性（如材料的线膨胀系数 α_t、弹性模量 E 等）、管道的几何特性（如长短、粗细、厚薄）及其布置后管道系统所具有的结构形状。在工程上，可人为改变管道布置的形状，比如管道的弯曲程度，这是增大管道的弹性、降低热应力和推力的有效手段。但是弯曲管道的流动阻力和钢材耗量却较直管段大。

3. 支吊架的影响

管道上装设的支吊架是加在管道上的约束，它不同程度地阻碍着管道在热胀冷缩时的变形，变形受阻越大，产生的热应力和对支吊架的推力越大。因此支吊架的合理选型和设置，对减少因热胀冷缩而引起的热应力和推力都有较大影响。

在工程上，设计安装管道时必须考虑管子的热胀冷缩现象，即解决管道的膨胀补偿问题。

四、管道的补偿

管道的补偿是指吸收管道热膨胀、减少管道热应力及作用力的措施。常用的补偿方法有热补偿和冷补偿两种。

（一）热补偿

热补偿是利用管道本身的弹性变形来吸收部分热膨胀，减小热应力的方法。管道的热补偿可分为自然补偿和人工补偿。

1. 自然补偿

利用布置中因为自然走向而形成的弯曲管道（平面或空间的弯曲管道）在热膨胀时的弹性变形来吸收热膨胀，减小热应力，如图 3-1 所示。

图 3-1 管道自然补偿实例

2. 人工补偿

当受到管道敷设条件限制不能采用自然补偿，或自然补偿不能满足要求时，就必须加装专用的补偿器，来增强管道的热补偿能力。常用的补偿器有 Ω 形、Π 形和波纹管补偿器，如图 3-2 所示。

（1）Ω 形、Π 形补偿器。这两种类型的补偿

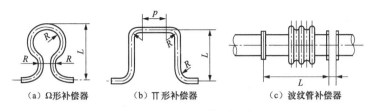

（a）Ω形补偿器　　　（b）∏形补偿器　　　（c）波纹管补偿器

图 3 - 2　人工补偿器形式

器由管子弯曲而成，具有补偿能力大，结构简单，运行可靠，适用于任何参数的管道等优点。其缺点是：尺寸较大，介质流动阻力大。一般安装在两固定点的中间，以使补偿器两侧所受的作用力相平衡。

（2）波纹管补偿器。该类补偿器用于工作压力在 0.7MPa 以下的管道，如凝结水管道、低压给水管道等。其补偿能力不大，用于水平管道时，每个波节下部边缘要设疏水管，把凝结水排出，以免发生水冲击。

（二）冷补偿（又称冷紧）

管道的冷补偿是在管道安装时，预先拉伸管道，并焊好就位，使其产生一个与热膨胀应力方向相反的冷紧应力。在管道投运过程中，随着管道温度的上升，冷紧应力逐渐被热膨胀应力所抵消，随后温度再升高，管道承受的应力值才逐渐增大。冷补偿虽然降低了工作温度下管道的热应力及对设备（或支架）的推力，但却增加了管道在冷态时的应力和对固定点的拉力。从钢材的强度看，由于冷态时所能承受的载荷比热态时大得多，所以将热膨胀应力转移到冷态是有利的。

此外，在安装补偿器时也应预先冷拉，冷拉长度不小于其补偿能力的一半。当管道受热膨胀时，补偿器首先由拉伸状态回复到正常的不受力状态，随后才进行热补偿，因此降低了工作温度下管道的热应力。

五、管道的支吊架

管道用支吊架来支撑和固定。支吊架的作用：一方面承受管道的自重和各种附件、保温层以及管内介质的重量；另一方面对管道的热变形进行限制和固定，减少对设备装置的推力和力矩，并防止或减缓管道的振动。

支吊架包括支架和吊架，支吊架用包箍或焊接方式与管道相连。管道支吊架设计的好坏，结构形式选用的恰当与否，对管道的应力状况和安全运行影响很大。

1. 支架

支架可分为固定支架、活动支架、导向支架和恒力支架等，如图 3 - 3 所示。

（1）固定支架。固定支架不允许管道有任何方向的位移，它承受着管道的自重和热胀冷缩引起的力和力矩。在锅炉出口、汽轮机入口、切换阀门组处、排汽管口处、两膨胀器之间都设有固定支架，固定支架必须生根在土建结构、主要梁柱或专门的基础上。

（2）活动支架。活动支架承受管道的重量，但不限制管道的水平移动。为减少活动支架下面的摩擦力，可在支架下面安装滚珠或滚柱，于是活动支架又分为滑动支架和滚动支架两种。

（3）导向支架。导向支架用于限制或引导管道沿某一方向位移。如在管道热膨胀时，只允许管道在支点处沿水平方向进行轴向位移，而限制其横向位移，则可采用导向支架。

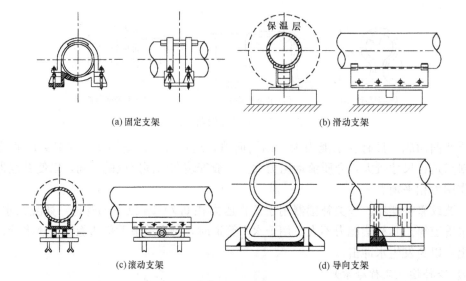

(a) 固定支架　　　　　　　　　　　　(b) 滑动支架

(c) 滚动支架　　　　　　　　　　　(d) 导向支架

图 3-3　支架

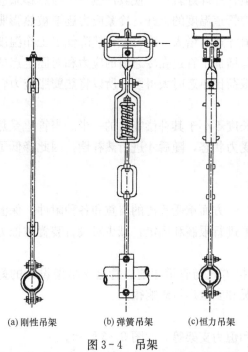

(a) 刚性吊架　　(b) 弹簧吊架　　(c) 恒力吊架

图 3-4　吊架

2. 吊架

吊架可分为刚性吊架、弹簧吊架和恒力吊架等，如图 3-4 所示。

（1）刚性吊架。刚性吊架适用于垂直位移为零或垂直位移很小的管道吊点。

（2）弹簧吊架。弹簧吊架与刚性吊架不同之处在于其连接件为弹簧组合件，具有一定的伸缩性，当管道发生热位移时，弹簧受到压缩，不会使工作荷重发生很大变化。适用于有中、小垂直位移的管道上，并允许有少量的水平位移。

（3）恒力支吊架。高温高压管道从冷状态到热状态，其温度变化很大，热位移很大，普通的弹簧吊架不能满足需要。为了提高管道的使用寿命并保证管道安全可靠，可采用恒力支吊架。恒力支吊架允许管道有较大的热位移量，而其工作荷重变化很小，一般用在高温高压蒸汽管道和锅炉的烟风管道上。恒力支吊架的结构形式很多，我国常用的有 H-1 型恒力吊架和 HZH-1 型恒力支吊架。

图 3-5 为 H-1 型恒力吊架的工作原理。它由外壳、转动体、弹簧及载荷杆等组成。当在载荷杆上吊上载荷时，转动体处于动平衡，根据力矩平衡原理，围绕着轴 A 同时有两个作用力矩，一个是由载荷 W 所引起的力矩 $wl_{AB}\sin R$，另一个是由弹簧力 F 所引起的力矩 Fh，由载荷产生的力矩将时刻与弹簧产生的力矩平衡。在选用恒力吊架时，应先按热位移值来选择挂载孔位 B 值，然后根据工作荷重的需要选择吊架的型号。

六、管道连接件

管道的连接件包括大小头、三通、弯头、法兰和焊缝等，大小头又称异径管，用于不同

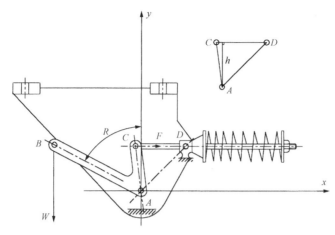

图 3-5 H-1型恒力吊架的工作原理

直径管段的连接。三通安装于管道分支处。弯头用于改变管内介质的流向。法兰是发电厂管道连接的一种基本形式，普遍用于中低压管道的连接。对于现代高压、超高压管道，多采用焊接方式，其主要原因是提高管道运行的可靠性，减少维护工作量以及降低工程造价，但在一些高压管道上，仍有采用法兰连接的地方，如与设备连接处，或者检修时需要拆卸的地方。

七、管道的保温

发电厂中外表面温度高于50℃、需要经常操作、维修的设备和管道一般均应保温。在环境温度为27℃时，保护层外表面温度不应超过50℃。对于个别不宜保温的设备和管道，其外表面温度低于60℃时可以不保温。管道保温有以下作用：①减少散热损失，提高热经济性；②避免主厂房内气温过高，改善仪表、设备等工作条件；③减少高温厚壁管道内外壁的温差，减小管道的热应力；④保护人身安全，避免烫伤及防火等。

管道的保温效果与选用的保温材料性能有关，选用时不仅要注意性能好坏，还要就地取材，以节省投资。保温材料应满足以下要求：导热系数低，密度小，性能稳定；具有一定的机械强度，耐振动；可燃物和水分的含量小，吸水性低，对金属无腐蚀；易于加工成型，便于施工等。

八、管道涂色

为了标志介质种类、流向和管道名称，管道必须涂以油漆。在管道弯头、穿墙处及需要观察的地方，必须涂刷介质名称、表示介质性质的色环和表示介质流向的箭头。当介质流向有两种可能时，应标出两个方向的指示箭头，文字和箭头用黑色或白色油漆涂刷，油漆颜色应按规定的要求使用。管道的色环、介质名称及介质流向箭头的位置和形状如图3-6所示。根据 DL/T 5072—2007《火力发电厂保温油漆设计规程》，发电厂管道涂色规定见表3-8。

图 3-6 管道的色环、介质名称及介质流向箭头的位置和形状
1—色环；2—介质名称；3—介质流向箭头

表3-8　　　　　　　　　　　　　　　常用管道涂色规定

序号	管道名称（管内介质）	面漆底色	色环颜色	序号	管道名称（管内介质）	面漆底色	色环颜色
1	主蒸汽和再热蒸汽	—	无环	13	联氨	橙黄	红
2	抽汽和背压蒸汽	—	红	14	酸液	浅灰	橙
3	凝结水（保温）	—	浅绿	15	碱液	浅灰	雪青
4	凝结水（不保温）	浅绿	无环	16	磷酸三钠溶液	浅绿	红
5	化学净水	浅绿	白	17	氢	橙	无环
6	给水	—	绿	18	空气	天蓝	无环
7	疏水和排水	—	绿	19	二氧化碳	浅灰	红
8	热网水	—	绿	20	冷风	浅蓝	无环
9	循环水、工业水、除尘水、冲灰水	黑	无环	21	热风	—	蓝
10	消防水	红	无环	22	原煤	黑	无环
11	油	黄	无环	23	煤粉（保温）	—	黑
12	氨气	黄	黑	24	烟道	—	无环

九、管道的运行维护

（一）汽水管道的介质流速

为实现发电厂的安全经济运行，不仅要求管道系统布置设计合理、安全可靠，还要求汽水管道中的介质流速在允许范围内。若选择的介质流速过大，则管径过小，钢材消耗及投资减少，但管内介质流动阻力增大，运行费用增加，且使阀门密封面磨损加剧，可能会使管道产生水冲击、振动现象，造成水泵汽蚀等。为使管道中介质的压力损失和管道投资都较为合理，汽水管道的介质流速一般按《火力发电厂汽水管道设计技术规定》中推荐的允许介质流速范围来选择，如表3-9所示。

表3-9　　　　　　　　　　　　汽水管道介质的允许流速

介质种类	管道种类	流速（m/s）
主蒸汽	超临界压力蒸汽管道	40～50
	亚临界压力蒸汽管道	40～60
	高压蒸汽管道	40～60
	中、低压蒸汽管道	40～70
中间再热蒸汽	热段再热蒸汽管道	40～60
	冷段再热蒸汽管道	30～50
其他蒸汽	抽汽管道	30～50
	饱和蒸汽管道	30～50
	至减压减温器的蒸汽管道	60～90
给水	主给水管道	1.5～5
	低压给水管道	0.5～1.5
	给水再循环管道	<4
凝结水	凝结水泵出水管道	1～3
	凝结水泵进水管道	0.5～1

介质种类	管道种类	流速（m/s）
化学净水、生水	离心水泵出水管道 离心水泵进水管道	2～3 0.5～1.5
工业用水	压力管道 无压排水管道	2～3 <1

（二）管道启停注意事项

蒸汽管道在开始投入时，要避免温度的急剧升高。如果管道内的温度急剧升高，则因管道内外壁温差很大，将产生很大的热应力，过大的热应力使金属材料产生变形，以至管道产生裂纹。因此，机组启动时，对于高温蒸汽管道要进行充分的暖管，同时严格控制其温升率，并加强疏水的排放，以防止过大的热应力和水击现象的发生。按规定，单元制机组在启动过程中的主蒸汽和再热蒸汽管道的温升率小于5℃/min，而主汽门、调节汽门的温升率小于4～6℃/min。

在启动暖管过程中，应检查确认：管道的支吊架工作正常，管道膨胀良好，管道无晃动或振动，管道内没有冲击声，法兰和阀门等处无泄漏。同样，在停机过程中，也要注意控制蒸汽管道的温降率，使之在规定值以内，并进行充分的疏放水，同时加强对管道的监视和检查。

水管道的投入要注意把管内的空气排净，缓慢向管内充水，并避免发生水锤现象，因为这种水冲击的力量很大，往往能破坏阀门和设备。

（三）管道的正常运行维护

正常运行中，要注意蒸汽参数的变化，一般要求主蒸汽管道不能超温超压运行，同时应避免温度的频繁变化。按规定：蒸汽压力允许在额定值±0.2MPa范围内变化，超过0.2～0.5MPa时，要采取措施降低压力。蒸汽温度允许在额定温度±5℃范围内变化，超过10℃，或在这一温度下运行10～30min后仍不能恢复正常时，要停止运行，而且这种情况全年累计数不应超过20h。

运行人员应记录好蒸汽管道的年累计运行时间，启停次数和超温、超压等情况；应定期检查汽水管道的运行情况，注意水击现象的发生；管道的保温应完整，不应有脱落或裸露现象；定期检查管道的支吊架、法兰、阀门及膨胀情况；在降雨期间应加强露天布置管道的检查，在冬季应做好管道的防冻工作。

十、管道的防腐

管道停止运行后，外界空气必然会进入管道系统。如果管内金属表面因受潮而附着一层水膜，或管内还残留一部分没排净的水，则空气中的氧就会溶解于水中，使金属表面遭到氧的腐蚀。如不采取保护措施，管道停用时的腐蚀速度会远远大于运行中的腐蚀速度。常用的防止汽水管道停用时腐蚀的方法有干保护法和充满水保护法。

干保护法的原理是使管道金属表面不与水接触，以达到防腐的目的。在管道停运后，立即放水，如果汽水管道介质温度较高，可以带压放水，利用管道的余热将金属表面烘干，然后在管道内充以纯度在99%以上的氮气，以阻止空气渗入。充氮时，要使管内氮气的压力高于大气压力，并将汽水阀门严密关闭，以维持必要的氮气压力。要经常检查氮气压力，如果发现管道内压力消失，应及时充氮，并查找原因，予以消除。

充满水保护法是利用保护性水溶液充满停用后的管道内，以防止空气中的氧气进入管道。一般常用的药剂为氨和联氨，其浓度达到 $200\sim300\mathrm{mg/L}$，$\mathrm{pH}{>}10$。在大气温度不低于零度时，可以采用充满水保护法，若大气温度可能降至零度以下时，则必须采用干保护法。

另外，还有干燥剂法和气相防腐剂法。干燥剂法是采用吸湿能力很强的干燥剂吸收管内水分，保持管内干燥，从而防止腐蚀。气相防腐剂法在常温下能缓慢地挥发，并扩散到金属表面而对金属起保护作用。

凝结水和给水管道停用时的防腐工作，可以与加热器同时进行，采用充满水保护法，充以除过氧、含有联氨并调整好 pH 值的凝结水或除盐水。

▶ **能力训练** ◀

    1. 根据管道材料和管道中允许工作压力选择某一公称压力的管道。

    2. 查阅利用拉管器进行管道冷补偿的相关资料及实例。

任务二　发电厂常用阀门

▶ **任务目标** ◀

    了解阀门的分类及材料，掌握发电厂常用阀门的作用、结构、工作过程及其控制方式。

▶ **知识准备** ◀

    阀门是管道系统中的重要部件，是一种通过改变其内部通道截面积来控制管道内介质流动的装置，主要用来接通或切断流通介质、改变介质的流动方向、调节介质的流量和压力等。发电厂管系上装有许多不同类型的阀门，据统计，一台 300MW 机组，大约设置了 273 种不同类型和规格的阀门 1370 多个。这些阀门的质量状况和运行情况对电力生产的安全运行有着一定的影响。因此，正确认识与合理选用阀门，对火电厂的安全经济运行有着重要的意义。

一、阀门的分类及材料

    阀门的种类很多，可以按不同的分类标准来划分。按阀门的结构分为闸阀、截止阀、旋塞阀、旋启阀和蝶阀等。按驱动方式分为手动阀、电动阀、液动阀和气动阀等。按阀门在管道中的用途可分为关断用阀门、调节用阀门和保护用阀门。

    发电厂阀门的主要材料有铸铁、钢、铸钢、合金钢、青铜及特种合金钢等。阀门的材料不同，使用范围也不一样。应根据介质的工作参数（温度和压力）来选择合适的阀门材料。阀壳用青铜材料制造的阀门，用于其介质工作温度不大于 250℃ 的管道；阀壳用铸铁制成的低压阀门，一般用于介质压力不超过 1.96MPa、温度不超过 300℃ 的管道上；中压阀门的阀壳可用碳素钢制成；在介质工作压力大于 6.272MPa 的管道上，阀门的阀壳应采用标号 15、25 及 35 的优质钢和特殊钢制造；高温高压阀门的阀壳则用合金钢制成。

二、阀门的结构及密封方式

(一) 阀门的结构

发电厂中各种不同类型的阀门都是由阀体、阀盖、阀杆、阀瓣、填料层、驱动装置等部件组成，现以如图 3-7 所示的电动截止阀为例来说明阀门的结构。

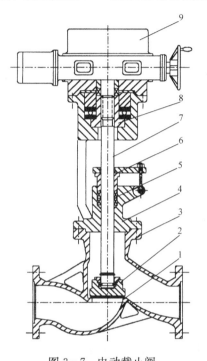

图 3-7 电动截止阀
1—阀座；2—阀瓣；3—阀体；4—阀盖；5—填料；
6—填料压盖；7—阀杆；8—阀杆螺母；9—驱动装置

(1) 阀体。阀体是介质流通的通道，它承受介质压力和强制关闭时的作用力，阀体与管道的连接方式有丝扣连接、法兰连接和焊接连接等。中压、低压（6.00MPa 以下）汽水管道所用阀门，应使用法兰连接；而高温高压汽水管道所用阀门，应用焊接方法连接。为减少泄漏点，有的中压汽水管道所用阀门也应用焊接方式连接。

(2) 阀盖。阀盖用于支撑阀杆、执行机构等传动部件，并与阀体组成密封而又承压的腔体。阀盖与阀体的连接方式有丝扣连接、法兰连接及利用介质压力进行自密封等。

(3) 填料。填料可防止介质泄漏，保证阀盖与阀杆间的密封，加在填料盒中的软质填料受到压盖挤压后，紧紧地压在阀杆与填料盒壁上，实现可靠的密封。

(4) 阀杆。阀杆用来传递驱动力，带动阀瓣运动，阀杆应有足够的强度、刚度和耐磨性。

(5) 阀瓣与密封面。阀瓣是阀门的主要工作部件，阀瓣与阀座的接触部分称为密封面，如图 3-8 所示。阀门关闭时，密封面能保证阀门的严密性。对于调节阀来说，它必须具有良好的调节性能。

(a) 阀瓣及密封面

(b) 阀座及密封面

图 3-8 截止阀的阀瓣、阀座及密封面

(6) 驱动装置。大部分阀门采用螺纹旋转驱动，在阀门启闭过程中阀杆的运动方式可分为旋转、升降和既旋转又升降三种。

（二）阀门的密封方式

阀瓣与阀座的接触密封一般有三种方式，即平面密封、锥面密封和球面密封，如图 3-9 所示。

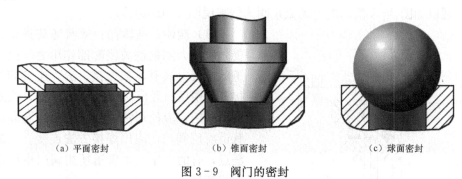

（a）平面密封   （b）锥面密封   （c）球面密封

图 3-9　阀门的密封

三、发电厂常用阀门

发电厂中应根据系统的要求，按公称压力、公称通径、设计参数、介质种类、泄漏等级和启闭时间来选择阀门，以满足汽水系统关闭、调节以及保护等不同要求和布置设计的需要。对阀门的要求是：有足够的强度，关闭严密性好，流动阻力小，结构简单，质轻体小，部件的互换性好，便于操作维修等。

（一）关断用阀门

关断用阀门用于切断或接通管道与设备之间的介质通路，包括闸阀、截止阀、蝶阀、球阀、旋塞阀、隔膜阀等。

关断用阀门在电厂中用的最多的是截止阀和闸阀。运行时，处于全开状态，停止运行时，则处于全关状态。为保证截止阀和闸阀密封面的严密性，一般不允许作调节流量和压力用。

闸阀是一种通径较大的阀门，主要是在阀体内设有一个与介质流向成垂直方向的闸板，靠闸板的升降来开启或关闭介质的通路。图 3-10（a）所示为火电厂汽水管道上应用较多的双闸板闸阀结构。单闸板闸阀可装于任意位置的管道上。双闸板闸阀宜安装于水平管道上，阀杆垂直向上。闸阀的特点是介质流动阻力小，开启、关闭力小，介质可两个方向流动，外壳沿管长方向尺寸较小，但具有结构复杂、阀体较高，密封面易擦伤，制造维修要求高等缺点。

截止阀是火电厂应用最广泛的一种阀门，以 300MW 机组为例，截止阀几乎占阀门总数的 50％左右。图 3-10（b）所示为高压管道上用的截止阀。

与闸阀相比，截止阀的特点是结构简单，密封性较好，开启高度小，制造、维修较方便；但介质流动阻力较大，启闭扭矩也大，启闭时间较长，且对介质的流向有一定要求，一般在阀体上用箭头表示出介质的流动方向。截止阀的公称通径一般都小于 200mm。所以在较小管径的管子上，当关断严密性要求较高时，多采用截止阀；而在蒸汽管道和大直径的供、给水管网中，要求介质流动压损较小时，则采用闸阀。

蝶阀是利用圆盘形的阀瓣绕着阀体内固定轴转动 90°，进而开启或关闭介质通路。火力发电厂中的锅炉风烟系统管道、小汽轮机排汽管道、循环水管道等大口径管道上的阀门常采用蝶阀。

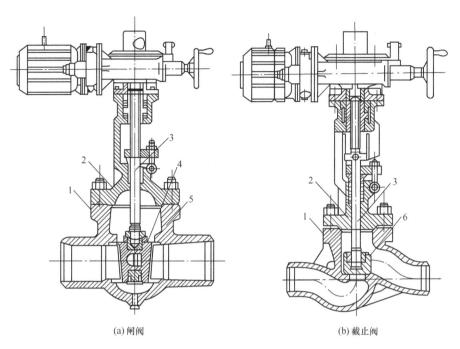

(a) 闸阀　　　　　　　　　　　　　(b) 截止阀

图 3-10　高压管道上的关断阀门

1—阀体；2—阀盖；3—阀杆；4—闸板；5—万向顶；6—闸瓣

　　需要说明的是，对于大直径管道上且工作压力较高的闸阀，都设有外部旁路阀门，只有在阀门进出口两侧的压力处于平衡状态时，才能开关阀门。对于阀瓣承受压力很大的截止阀，也应设置旁路阀，分为外旁路阀（装在阀体外部）和内旁路阀（装在阀体内部阀瓣上），

如图 3-11 所示。要开启阀门时，应先开启旁路阀，以减少主阀瓣两侧的压力差，便于主阀瓣开启。在汽轮机自动主汽门和再热机组 II 级旁路减压阀上均采用了内旁路阀。

　　（二）调节用阀门

　　调节用阀门用于调节介质的流量和压力，包括调节阀、疏水阀、节流阀、减压阀等。由于调节阀一般严密性较差，故在调节阀前后应装设关断用阀门，以防止介质泄漏，在开启调节阀时先开启关断阀。发电厂中的调

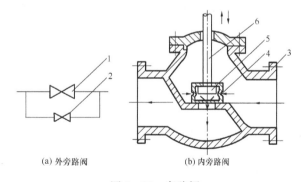

(a) 外旁路阀　　　　(b) 内旁路阀

图 3-11　旁路阀

1—主阀门；2—外旁路阀；3—阀体；4—主阀瓣；
5—内旁路阀阀瓣；6—阀杆

节阀大都由调节系统的执行机构来驱动，参与系统的自动控制调节，并要求调节阀具有良好的调节特性。

　　1. 锥形调节阀

　　锥形调节阀有单级和多级。单级调节阀的结构与截止阀类似，只是其阀瓣形状为圆锥形。工作介质在阀座与阀瓣之间经过一次节流降压，其流量的大小由阀瓣的型线和阀门的开

度来决定，这种调节阀只适用于压降较小的管道，如图 3-12 所示。该阀装有三道节流圈，可使给水压力大部分都降低于此，使锥形阀瓣不易磨损。每道节流圈分四排开设节流小孔，相邻两个节流圈的小孔叉开布置，并有槽道相连，可充分起到节流降压作用。

多级节流调节阀流体要经过 2～5 次节流降压，以达到流量调节的目的，这种调节阀调节灵敏度高，适用于较大降压的管道，如汽轮机的高压旁路减温水调节阀。

2. 窗口形回转式调节阀

窗口形回转式调节阀的阀体上有一固定的阀套，阀套的侧面开有一定型线的窗口，阀套内装入一可旋转的滑阀，滑阀侧面同样开有窗口，随着滑阀的旋转，滑阀上的窗口与固定阀套上的窗口形成不同的配合面积，从而调节介质流量。

图 3-13 所示为回转式给水调节阀，在小开度时，由于压差较大，阀瓣磨损较快，造成泄漏量增加。又因回转式给水调节阀在阀门前后压差较稳定时，才有良好的线性调节性能。因此对定速给水泵，一般要在给水调节阀前加装压力调节阀，以控制给水调节阀前后的压差；对变速给水泵，给水调节阀前后的压差可由给水泵调速运行来保证。

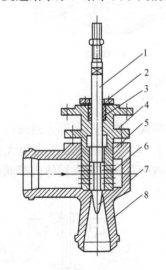

图 3-12　锥形调节阀
1—阀杆；2—填料杆；3—填料；4—阀盖；
5—密封圈；6—节流圈；7—阀瓣；8—阀体

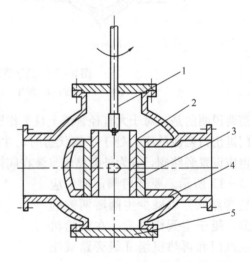

图 3-13　回转式给水调节阀示意
1—阀杆；2—滑阀；3—阀套；4—阀体；5—阀盖

3. 减压阀

减压阀用来降低工作介质的压力，并自动地将减低后的压力维持在一定的范围内。它依靠膜片、弹簧等敏感元件来改变阀瓣位置，从而改变阀瓣和阀座的间隙，实现减压。随着介质及减压特性要求的不同，阀瓣形状也多种多样，一般常用的有圆形、窗形等，其基本结构有薄膜式、弹簧薄膜式、活塞式和波纹管式等。

图 3-14 所示为活塞式减压阀，当进口压力与流量变化时，利用介质本身的压力变化使活塞上下压差改变，从而带动阀杆、阀瓣移动，自动维持出口压力在一定范围内。其工作过程如下：工作介质从主阀瓣下部导入，其压力为 p_0，通过主阀座流至出口，并减压到 p_1，有一小部分工作介质通过入口脉冲孔到脉冲阀，经过节流后，导入活塞的上方，形成控制压力 p_k，脉冲阀后还有一小部分工作介质流过脉冲阀杆与其阀套之间的间隙，经出口脉冲孔

进入减压阀后的出口侧。

当减压阀后的压力 p_1 由于某种原因升高时，活塞下压力也升高，活塞就会上移，主阀瓣也跟着上移，关小阀门通道，使 p_1 维持到规定的数值；反之，当减压阀后的压力 p_1 由于某种原因下降时，活塞下压力也下降，活塞向下移动，主阀瓣开度增大，使 p_1 再升至规定值。

出口减压后的压力值由控制压力 p_k 决定，而 p_k 的大小是由脉冲阀的开度来控制的，脉冲阀的开度可以通过控制弹簧来调整。如果需要增加出口压力 p_1，可打开阀门上的封头盒，调整控制弹簧杆，使弹簧上座下移，于是脉冲阀阀瓣下移，开大脉冲阀，使 p_k 升高，导致活塞下移，推动主阀瓣下移，从而使 p_1 升高。此时减压阀就在较大的开度下达到新的平衡。

在安装时，要注意介质的流动方向，使之与阀体上所标箭头方向一致。

4. 节流阀

电厂中常用节流阀来调节蒸汽或锅炉给水压力，它与截止阀类似，只是阀瓣形状不同，其阀瓣大多为圆锥形或针形，阀瓣的型线根据所需要的调节特性来确定，利用阀瓣的升降改变通道面积以调节通流介质的压力，如图 3-15 所示。

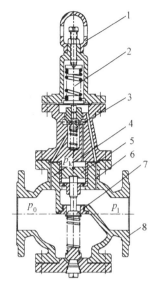

图 3-14　活塞式减压阀

1—封头盒；2—控制弹簧；3—脉冲阀；
4—入口脉冲孔；5—活塞；6—出口
脉冲孔；7—主阀瓣；8—阀体

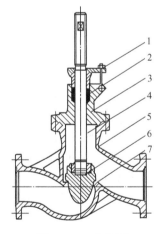

图 3-15　节流阀

1—填料盖；2—填料；3—阀盖；4—阀杆；
5—阀体；6—阀瓣；7—阀座

（三）保护用阀门

保护用阀门用于保护设备或管路安全运行，包括止回阀、安全阀和快速关断阀等。

1. 止回阀

止回阀是用作保证介质单向流动，防止管内介质倒流的一种阀门。当介质倒流时，阀瓣自动关闭，截断流动介质，避免发生事故。在发电厂中，止回阀主要用于各种泵的出口、锅炉给水管道、汽轮机抽汽管道和疏水系统等不允许介质倒流的管道上。

根据阀瓣动作规律止回阀分为升降式（立式和卧式）和旋启式（单瓣和多瓣）。升降式止回阀阀瓣沿着本体阀座的中心线上下移动，旋启式止回阀阀瓣围绕垂直于本体通路的中心轴旋转。如图 3-16 所示，立式升降式止回阀应安装在垂直管道上，卧式升降式止回阀应安装在水平管道上。旋启式止回阀既可安装在水平管道上，又可安装在垂直管道上。在止回阀安装时注意介质流动方向应与阀体上箭头方向一致。

（1）给水泵出口止回阀。给水泵出口止回阀如图 3-17 所示。止回阀阀瓣靠止回阀前后的给水压差来开启，流量越大，压差就越大，止回阀的开度也越大。止回阀阀瓣呈锥体状。上部

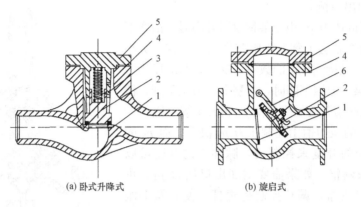

(a) 卧式升降式   (b) 旋启式

图 3-16 止回阀

1—阀座；2—阀瓣；3—衬套；4—阀体；5—阀盖；6—阀盘拉杆

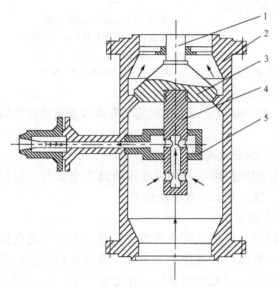

图 3-17 给水泵出口止回阀

1—导向阀杆；2—外壳；3—阀瓣；
4—再循环套筒；5—再循环水室

与导向阀杆连为一体，下部与再循环套筒采用丝扣连接。在止回阀下部设有再循环水室，再循环套筒穿过再循环水室，套筒下部的窗口为再循环进水窗口，上部的窗口为出水窗口。当止回阀处于关闭状态时，套筒上部的出水窗口正好处于再循环水室中，再循环流量达到最大。随着给水流量的增大，止回阀开大，再循环套筒上移，逐渐关小上部的出水窗口，减小了再循环水量。当上部窗口移出水室后，再循环流量变为零。当给水泵出水流量小于某一值时，止回阀关小，再循环套筒出水窗口又会进入水室，使给水泵出口有一部分给水流过再循环管道回到除氧器中，以防止给水泵流量过小而汽化。

（2）抽汽管道止回阀及其控制系统。当汽轮机甩负荷时，为确保止回阀关闭可靠，阀门除了本身结构要能防止蒸汽倒流外，还设有闭锁装置。目前电厂应用的闭锁装置有液压控制和气压控制两种，均由电气开关来控制。

1）液压止回阀液压控制系统。如图 3-18 所示，机组正常运行时，电磁阀关闭，控制水由凝结水泵出口管道引来，经电磁阀旁路的节流孔板节流降压后进入液动止回阀控制活塞上部水室，活塞上开有小孔，活塞上部的控制水经此孔以及活塞与套筒之间的间隙流入弹簧室，再经排放管排放出去。正常运行时进入控制活塞上部的控制水处于节流状态，压力仅为0.02MPa，止回阀阀杆在弹簧力作用下处于上限位置，止回阀阀瓣处于自由状态，在抽汽压力作用下阀瓣上移打开。当加热器内的疏水水位过高或自动主汽门因故关闭时，联动装置动作并发出保护信号，使电磁阀开启，来自凝结水泵的 0.3～1.2MPa 的控制水便进入控制活塞上部，克服弹簧力强行关闭抽汽止回阀，从而防止蒸汽倒流入汽轮机。当联动装置失灵时，运行人员可手动打开电磁阀。

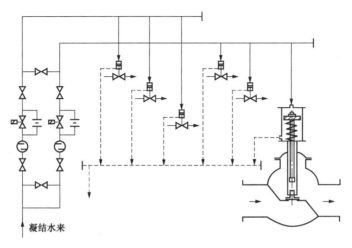

图 3-18　液动止回阀液压控制系统

液动止回阀由于阀门体为金属部件，长期与水接触，易锈蚀卡涩。因此，现代大型火电机组广泛采用气动止回阀。

2）气动止回阀气压控制系统。如图 3-19 所示，该系统由储气罐、空气过滤器、油雾器、节流孔板、截止阀、双控电滑阀、气动止回阀的操纵装置和连接管道等组成。在汽轮机正常运行时，各抽汽止回阀处于开启状态。

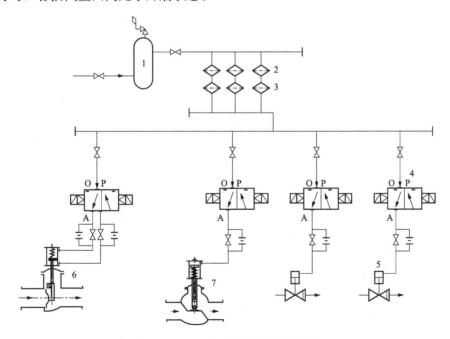

图 3-19　气动止回阀气压控制系统

1—储气罐；2—空气过滤器；3—油雾器；4—双控电滑阀；5—止回阀操纵座；6—旋启式止回阀；

7—升降式止回阀；A、P、O—双控电滑阀的出气口、进气口和排气口（固定不动）

当机组甩负荷主汽门关闭或加热器管束大量泄漏时，双控电滑阀的一只电磁铁通电动作,使双控电滑阀位置处于图3-19所示状态。对于旋启式止回阀,此时操纵座活塞上部与压缩空气接通,而下部与排汽口相通,在弹簧和压缩空气双重作用下,使止回阀迅速关闭。对于升降式抽汽止回阀,压缩空气通过滑阀左边通道进入止回阀操纵座上部,克服活塞下部弹簧力强行将止回阀关闭。

当接到开启信号时,双控电磁阀的另一只电磁铁通电动作,各双控电滑阀左移。对于旋启式抽汽止回阀,此时具有0.59MPa压力的压缩空气通过双控电滑阀右边通道,经截止阀和节流孔板并联通路,进入止回阀操纵座活塞下部,克服弹簧力将活塞推向上方,从而使旋启式止回阀打开。而对于升降式抽汽止回阀,因无压缩空气进入止回阀操控装

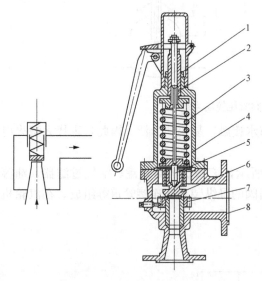

图3-20 弹簧式安全阀
1—锁紧螺母;2—调节螺丝;3—弹簧;4—阀盖;
5—阀杆;6—阀瓣;7—阀座;8—阀体

置中,故在弹簧力和抽汽压力的作用下也处于开启状态。

2. 安全阀

在发电厂中,安全阀主要用于汽包、过热器、再热器、高压加热器、除氧器、抽汽和供汽等压力容器和管道上。当介质压力超过规定值时,安全阀能自动开启,把多余的介质排放到低压系统或大气中,而在压力降到规定值时又能自动关闭,防止事故发生,保证安全运行。电厂常用的安全阀有弹簧式和脉冲式。

弹簧式安全阀如图3-20所示,该阀多用于排放量不大的压力容器,如除氧器、高压加热器等。

脉冲式安全阀如图3-21所示,它由主安全阀和脉冲阀组成,通过脉冲阀带动主安全阀动作。当锅炉压力超过规定值时,脉冲阀打开,蒸汽通过联通管进入主安全阀活塞上部空间,在蒸汽压力作用下克服弹簧力将主安全阀打开,使蒸汽通过两根排汽管排入大气。当压

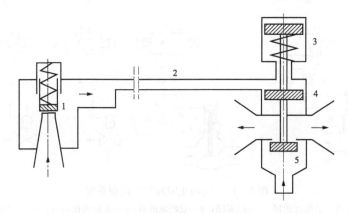

图3-21 脉冲式安全阀
1—脉冲阀;2—连通管;3—主安全阀;4—工作活塞;5—阀瓣

力下降到规定值时，脉冲阀关闭，使得主安全阀活塞上面的蒸汽压力降低，主安全阀在弹簧力的作用下也跟着关闭。脉冲式安全阀一般用于介质排放量比较大的压力容器或管道上，如汽包、过热器等。

四、图形符号

在绘制发电厂热力系统中，要采用国家规定的或通用的电厂热力系统管线、设备和阀门的图例，本书采用的热力管线图形、阀门和管件的图形符号依据最新国家标准，如图 3-22 所示，管道附件在系统图上的图形符号见表 3-10。

表 3-10　　　　　　　　　　　　　　　管道附件的图形符号

名　称			图形符号	名　称		图形符号
阀门	关断用阀门	闸阀		阀门的控制及执行机构	电动	
		截止阀			电磁	
		球阀			气动	
		蝶阀			液动	
		旋塞			气动薄膜	
		隔膜阀			重锤执行机构	
	调节用阀门	节流阀			浮子执行机构	
		调节阀		阀门	连接件	自动主汽门	
		减压阀				大小头	
		疏水器				中间堵板	
		减压减温器				管间盲板	
	保护用阀门	止回阀				法兰	
		安全阀	重锤式		节流孔板	单级、多级	
			弹簧式		过滤装置	滤水器	
			脉冲式			蒸汽或空气过滤器	
	阀门按介质流向分类	直流阀				泵入口滤网	
		角阀			水封装置	单级	
		三通阀				多级	
		四通阀			流量测量装置	孔板	
						喷嘴	

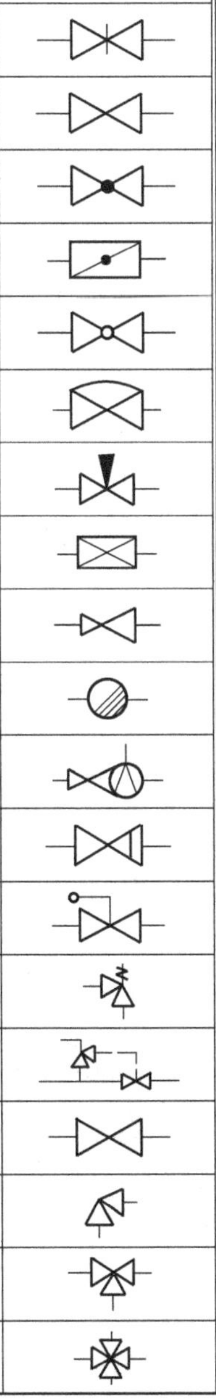

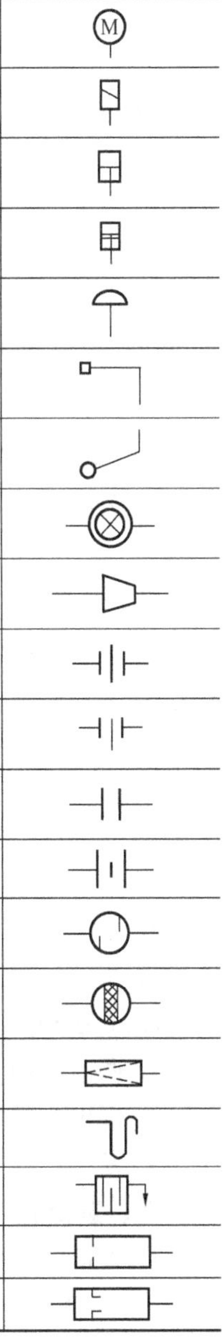

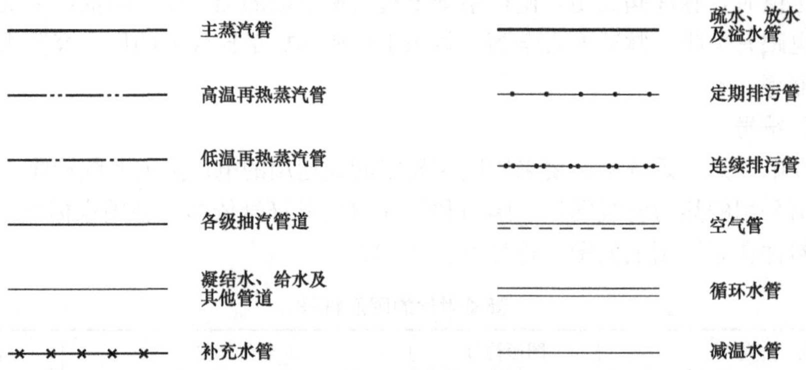

————————	主蒸汽管	————————	疏水、放水及溢水管
—··—··—	高温再热蒸汽管	•—•—•—•—	定期排污管
—·—·—	低温再热蒸汽管	•••—•••—	连续排污管
————————	各级抽汽管道	=========	空气管
————————	凝结水、给水及其他管道	==========	循环水管
×—×—×—×	补充水管	————————	减温水管

图 3-22 热力管道图例

> **能力训练** ◄

1. 多名同学合作，在实训室对三种不同类型的阀门进行解体、复装操作，分别说明它们的结构及工作原理。

2. 查阅《量和符号》，并对各热力设备、阀门等管道附件进行默绘练习。

综 合 测 试

一、名词解释：

1. 公称压力；2. 公称直径；3. 管道的热补偿；4. 管道的冷补偿；5. 调节阀；6. 旁路阀

二、填空题

1. 发电厂的管道按管内介质的工作压力分为七类，分别是_____，_____，_____，_____，_____，_____，_____。

2. 可以说碳素钢公称压力是指_____及其附件等在介质温度为_____℃及以下的允许工作压力。

3. 公称压力实际上是管内介质的_____和_____的组合参数，并非单纯的压力。

4. 发电厂汽水管道内介质的允许流速是根据_____和_____来决定的。

5. 阀门按用途分为以下几类：_____阀门、_____阀门和_____阀门。

6. 关断阀门起着_____或_____管道中的汽水通路的作用。

7. 调节阀门主要有_____和_____的作用。

8. 保护阀门主要有_____、_____及_____阀门等。

9. 发电厂在介质温度高于_____℃的管道、设备及其法兰、阀门等附件均应保温。

三、选择题

1. 管道的公称通径是管道的（   ）。

    A. 实际内径；   B. 外径；

    C. 名义计算内径；   D. 平均直径。

2. 主蒸汽管道与给水管道在空间都布置成几段弯曲形式，这种方法属于（　　　）

  A. 自然补偿； B. 补偿器；   C. 冷补偿；   D. 便于布置。

3. 管道的规范在工程上是用以下两个技术术语来表示的（　　　）。

  A. 工程压力和工称直径；   B. 绝对压力和管道直径；

  C. 公称通径和公称压力；   D. 表压力和管道外直径。

4. 公称压力实际上是管内介质的（　　　）。

  A. 设计压力；   B. 实际压力；

  C. 最大压力和实际温度的配合参数； D. 设计压力和基准温度的组合参数。

5. 现有 20 号钢制成的管子，设计温度为 450℃，允许工作压力为 8.71MPa 时，应选用管子的公称压力等级为（　　　）。

  A. 8.71MPa； B. 16MPa；   C. 20MPa；   D. 25MPa。

6. 影响管道热应力和推力的主要因素是（　　　）。

  A. 温度变化；   B. 支吊架的形式；

  C. 保温层；   D. 温度变化、支吊架的形式和管道弹性。

7. 正常运行中，要求主蒸汽管道不能超温超压运行，蒸汽压力、温度允许在额定值变化的范围是（　　　）。

  A. ±0.1MPa、±4℃；   B. ±0.2MPa、±5℃；

  C. ±0.26MPa、±5℃；   D. ±0.2MPa、±7℃。

8. 单元制机组在启动过程中的主蒸汽和再热蒸汽管道的温升率小于（　　　）。

  A. 4℃/min；   B. 5℃/min；

  C. 6℃/min；   D. 7℃/min。

四、判断题

1. 关断性阀门只能处于全开或全关状态，不允许作调节用。（　　　）

2. 管道的热补偿就是在管道安装时，预先拉伸管道，使其产生与热膨胀应力相反的冷紧应力。（　　　）

3. 对同一材料，随公称压力的提高，其管壁厚度加大，实际内径也相应增大。（　　　）

4. 调节阀前后一定要设置关断阀。（　　　）

5. 新安装的管道必须进行严密性试验。（　　　）

6. 我国管道及附件的公称直径在 1～4000mm 之间划分为 54 个等级。（　　　）

7. 蒸汽管道投用时，要进行充分的暖管和疏水。（　　　）

8. 止回阀起着超压保护的作用。（　　　）

9. 闸阀的流动阻力比截止阀大。（　　　）

10. 刚性吊架适用于垂直位移为零或垂直位移很小的管道吊点。（　　　）

五、问答题

1. 关断用阀门在使用过程中应注意哪些问题？为什么？

2. 管道的补偿方法有几种？常用的补偿器有几种类型？

3. 管道的支吊架起什么作用？其形式有哪几种？

4. 什么是管道的热补偿？什么是管道的自然补偿？结合现场试举几例说明。

5. 管道停运后的防腐，干保护法的原理是什么？

6. 管道正常运行时，对蒸汽参数的变化有什么要求？

7. 简述液动止回阀液压控制系统的组成及工作过程。

8. 简述气动止回阀气压控制系统的组成及工作过程。

9. 关断用阀门的旁路阀有哪两种形式？试说明其在发电厂中的应用。

项目四　发电厂热力系统

▶ 项目目标 ◀

掌握发电厂的主蒸汽与再热蒸汽系统、再热机组的旁路系统、回热抽汽系统、给水系统、主凝结水系统、抽真空系统、汽轮机轴封蒸汽系统、锅炉排污利用系统、补充水系统、汽轮机本体疏水系统、辅助蒸汽系统等各实际局部热力系统的组成、连接方式。

任务一　主蒸汽与旁路系统

▶ 任务目标 ◀

熟练识读超临界压力 600MW 机组的主蒸汽系统与旁路系统，掌握主蒸汽与旁路系统的形式及系统中各管道附件的作用。

▶ 知识准备 ◀

一、主蒸汽与再热蒸汽系统

（一）主蒸汽系统及其形式

锅炉与汽轮机之间连接的新蒸汽管道，以及由新蒸汽管道引出的送往各辅助设备的支管，组成了发电厂的主蒸汽系统。

发电厂主蒸汽管道所输送的工质流量大、参数高，主蒸汽系统对发电厂运行的安全性和经济性影响较大，对其要求是：系统简单、工作安全可靠、运行调度灵活、便于切换、便于检修扩建等。发电厂常用的主蒸汽系统有以下四种形式：集中母管制、切换母管制、单元制和扩大单元制，如图 4-1 所示。

集中母管制系统是指发电厂所有锅炉产生的新蒸汽先集中送往一根蒸汽母管，再由母管引至每台汽轮机和其他用汽处。切换母管制系统是指每台锅炉与其对应的汽轮机组成一个单元，各单元之间设有联络母管，每一单元与母管相连接处加装一段联络管和三个切换阀门，备用锅炉和减温减压设备等均与母管相连，机炉既可单元运行，也可切换运行。

上述两种系统为便于母管本身的检修和电厂扩建时不致影响原有机组的运行，都用两个串联的关断阀门将母管分成两个以上的区段。集中母管制和切换母管制系统运行灵活，为中小容量电厂广泛采用。

单元制系统是指一机一炉相配合连接而成的系统。汽轮机和供给它蒸汽的锅炉组成独立的单元，与其他单元之间没有蒸汽管道的连接，通向各辅助设备的支管由各单元蒸汽主管中引出。

单元制系统与集中母管制和切换母管制系统相比较有着明显的优点：①可节省大量的高级合金钢管、阀门、相应的保温材料及支吊架，节省了投资；②避免了母管制系统布置的复

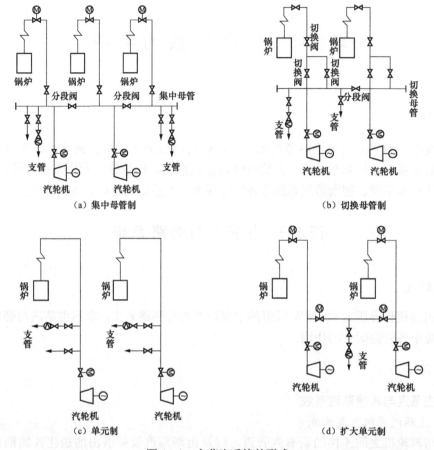

图 4-1 主蒸汽系统的形式

杂性，运行可靠性提高了；③便于实现炉、机、电集中自动控制，减少了运行人员；④事故范围只限于一个单元，不影响其他单元机组的正常运行。单元制系统也存在一定的缺点：①各单元之间的主蒸汽不能互相支援，不能进行切换，运行灵活性差；②机、炉检修时间必须一致；③负荷变动时，对锅炉的稳定燃烧要求较高。

现代大型火电厂，容量在 100MW 及以上机组的主蒸汽系统几乎都采用单元制，特别是采用再热机组的电厂，由于各机组间的再热蒸汽很难实现切换运行，因此，再热机组的主蒸汽系统必须采用单元制。

扩大单元制系统是将各单元制蒸汽管道之间用一根蒸汽母管横向连接起来的系统。这种系统的特点介于单元制和切换母管制之间，与单元制系统相比运行灵活，可在一定负荷下机炉交叉运行；与切换母管制系统相比可节省 2~3 个高压阀门。我国一些高压凝汽式发电厂有采用这种系统的。

（二）再热蒸汽系统

再热蒸汽系统是指从汽轮机高压缸排汽口经锅炉再热器至汽轮机中压缸联合汽门前的全部蒸汽管道和分支管道组成的系统，如图 4-2 所示。它包括再热冷段蒸汽管道和再热热段蒸汽管道，再热冷段蒸汽管道是指从汽轮机高压缸排汽口到锅炉再热器进口的再热蒸汽管道及其分支管道；再热热段蒸汽管道是指从锅炉再热器出口至汽轮机中压联合汽门之间的再热蒸汽管道及其分支管道。

对于再热机组，也可把主蒸汽系统和再热蒸汽系统统称为主蒸汽管道系统。

（三）双管主蒸汽系统的温度偏差和压力偏差

主蒸汽管道可分为单管和双管两种系统。为了避免用直径大、管壁厚的主蒸汽管和再热蒸汽管，同时又能减小流动阻力损失，大容量机组单元制主蒸汽管道和再热蒸汽管道多采用并列双管系

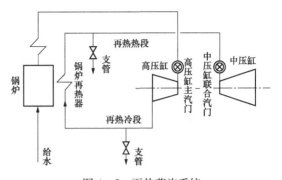

图 4-2 再热蒸汽系统

统，如图 4-3（a）所示。即从过热器引出两根主蒸汽管，分别进入汽轮机高压缸左右两侧的主汽门，在高压缸内膨胀做功后其排汽也分两根低温再热蒸汽管进入再热器，再热后的蒸汽仍分左右两侧沿两根（或四根）高温再热蒸汽管经中压缸两侧的中压联合汽门进入中压缸继续膨胀做功。

随着机组容量增大，炉膛宽度加大，烟气流量、温度分布不均等造成两侧主蒸汽的汽温偏差和压力偏差增大。过大的蒸汽温度偏差会使汽缸等高温部件受热不均，造成汽缸扭曲变形，严重时会引起轴封摩擦损坏设备；过大的压力偏差将会引起汽轮机机头因受力不均发生偏转位移，致使汽轮机产生强烈振动，这是绝不允许的。因此，国际电工协会规定允许温度偏差：持久性的为 15℃，瞬时性的为 42℃。

为了防止发生温度偏差和压力偏差过大现象，可采取以下措施。

（1）采用中间联络管。当主蒸汽管道为双管系统时，可在靠近主汽门处的两侧主蒸汽管之间装设中间联络管，以减小汽轮机进汽的压力偏差，中间联络管管径大小应能够保证当一个主汽门全开，另一个主汽门全关时通过全部蒸汽量，同时要求过热器组采用交叉布置，以保证温差在极限范围内。如国产 200MW 机组主蒸汽管道就采用了多根相并联的中间联络管。

（2）采用单管-双管系统或双管-单管-双管系统。单管-双管系统即在锅炉出口处采用单根主蒸汽管，引至汽轮机主汽门、中压联合汽门之前再分成两根，此时单根主蒸汽管道的直径应按最大蒸汽流量工况设计，这种系统能保证进入汽轮机的温度偏差和压力偏差最小，如图 4-3（b）所示。所谓双管-单管-双管系统是在过热器出口联箱两侧各有一根引出管，经 Y 形三通后汇集为单根，至主汽门前再分成两根，这种布置方式满足了汽轮机对蒸汽温度偏差和压力偏差的要求，为了使蒸汽得到充分混合，要求单根管的长度至少为其管径的 20 倍，管径也按最大蒸汽流量工况设计，如图 4-3（c）所示。

二、超临界压力 600MW 机组主蒸汽系统

1. 600MW 机组的单元制主蒸汽系统

主蒸汽系统是指从锅炉过热器出口至汽轮机高压主汽门之间的蒸汽管道，还包括管道上的疏水支管及过热器出口的安全阀等保护装置。图 4-4 所示为典型 600MW 超临界压力机组的主蒸汽系统。

（1）主蒸汽系统概述。该主蒸汽系统采用双管-单管-双管布置。主蒸汽从锅炉过热器出口联箱经两根支管接出，由一个 45° 斜三通汇成单管通往汽轮机房，在汽轮机前用一个 45°

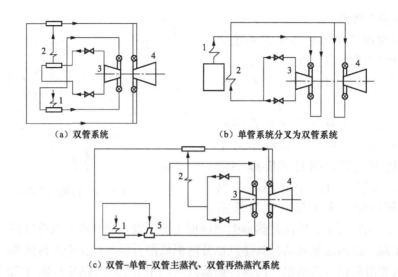

（a）双管系统　　　　　　　（b）单管系统分叉为双管系统

（c）双管-单管-双管主蒸汽、双管再热蒸汽系统

图 4-3　再热机组的主蒸汽管道系统

1—锅炉过热器；2—再热器；3—汽轮机高压缸；4—汽轮机低压缸；5—Y形三通

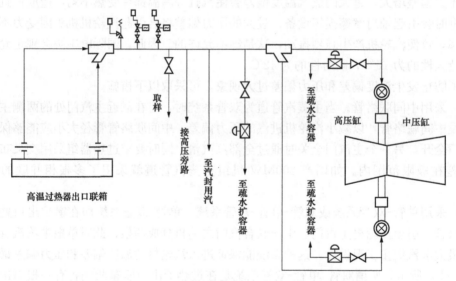

图 4-4　600MW 超临界压力机组的主蒸汽系统

斜三通分为两根管道，分别接至汽轮机高压缸的左右主汽门。

汽轮机高压缸两侧分别设一个主汽门。主汽门直接与汽轮机调速汽门蒸汽室相连接。主汽门的主要作用是在汽轮机故障时迅速切断进入汽轮机的主蒸汽。汽轮机正常停机时，主汽门也用于切断主蒸汽，防止水或主蒸汽管道中的其他杂物进入主汽门区域。一个主汽门连接两个调速汽门，用于调节进入汽轮机的蒸汽流量，以适应机组负荷变化的需要。

主蒸汽管道上不安装流量测量装置，主蒸汽流量根据主蒸汽压力与汽轮机调节级后的蒸汽压力之差确定，这样可减小压力损失，提高热经济性。

汽轮机进口处的自动主汽门具有可靠的严密性，因此主蒸汽管道上不装设电动隔离门。这样，减少了主蒸汽管道的压损，提高了其可靠性，可减少运行维护费用。锅炉过热器出口管道上设置水压试验用堵板，在锅炉水压试验时隔离锅炉和汽轮机。

主管上还设置蒸汽取样支管。

（2）保护装置。在锅炉过热器的出口主蒸汽管上设置一只弹簧安全阀，为过热器提供超压保护。所有安全阀都装有消声器。

在过热器出口主汽管上还装有两只电磁泄压阀，作为过热器超压保护的附加措施。设置电磁泄压阀的目的是为了避免弹簧安全阀过于频繁动作，电磁泄压阀的整定值低于弹簧安全阀的动作压力。电磁泄压阀前装设一只隔离阀，以供泄压阀隔离检修。

（3）疏水系统。主蒸汽管道上设有畅通的疏水系统。它有两个作用，一个作用是在停机后一段时间内，及时排除管道内的凝结水；另一个作用是在机组启动期间使蒸汽迅速流经主蒸汽管道，加快暖管升温，缩短启动时间。

主蒸汽管道上设有三个疏水点。一点位于主蒸汽管道末端靠近分支处，另外两点分别位于主汽门前。每根疏水支管上设置一只截止阀和一只气动薄膜调节阀。疏水排入疏水扩容器。

（4）主蒸汽的其他用途。在两台机组的辅助蒸汽系统未形成互为备用汽源时，机组甩负荷时由主蒸汽向汽轮机轴封供汽系统提供高温高压蒸汽。

2．600MW 机组的冷再热蒸汽系统

冷再热蒸汽系统是指从汽轮机高压缸排汽口至锅炉再热器入口的管道，包括管道上的支管、疏水支管及锅炉再热器进口的安全阀等保护装置。

图 4-5 所示为 600MW 机组的冷再热蒸汽系统。

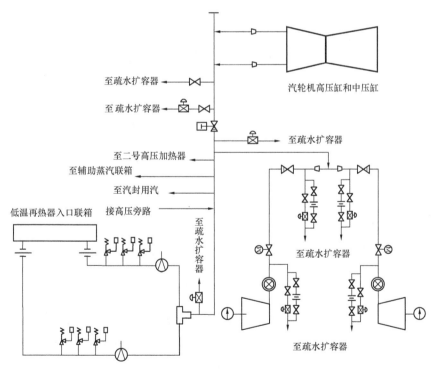

图 4-5　600MW 机组的冷再热蒸汽系统

（1）冷再热蒸汽系统概述。该冷再热蒸汽系统也采用双管-单管-双管布置。汽轮机高压缸两侧排汽口引出两根支管，汇集为一根单管，于再热器减温器前分成双管，分别接到再热器入口联箱的两个接口。

（2）保护装置。主管上装有气动止回阀。其主要作用是防止高压旁路运行期间排汽倒流入汽轮机高压缸。

冷再热蒸汽管道上装有水压试验堵板，以便在再热器水压试验时与汽轮机隔离，防止汽轮机进水。

再热器进口联箱前的两根再热蒸汽管道上分别装有三只弹簧安全阀及消音器。

为调节再热蒸汽温度及保护再热器，在两根冷再热蒸汽管道上各装有一只喷水减温器，事故紧急状态下，喷水减温防止超温，减温水来自给水泵中间抽头。

（3）疏水系统。高压缸排汽口止回阀前设置两个疏水点，第一支管上设置一只截止阀，第二支管上设置一只截止阀和一只气动薄膜调节阀。止回阀后设置一个疏水点，疏水支管上设置一只气动薄膜调节阀。在与高压旁路的接口后也设有疏水点，疏水支管上同样设置一只气动薄膜调节阀。疏水排至疏水扩容器。

（4）其他支管。冷再热蒸汽管道在止回阀后接出若干支管。它们分别通往辅助蒸汽系统、汽轮机轴封系统、2号高压加热器以及驱动小汽轮机。冷再热蒸汽是辅助蒸汽系统和小汽轮机在机组低负荷时的备用汽源。在通往两台小汽轮机的支管上分别设置止回阀和电动隔离阀。阀门前后设置疏水点。

在汽轮机旁路运行期间，旁路蒸汽可通过冷再热蒸汽管道向辅助蒸汽系统和汽轮机轴封系统供汽，高压缸排汽止回阀能够保证旁路蒸汽不倒流入汽轮机。

3．600MW 机组的热再热蒸汽系统。

热再热蒸汽系统是指从锅炉再热器出口至汽轮机中压缸联合汽门进口的管道，还包括管道上的疏水支管以及锅炉再热器出口的安全阀等保护装置。图 4－6 所示为 600MW 机组的热再热蒸汽系统。

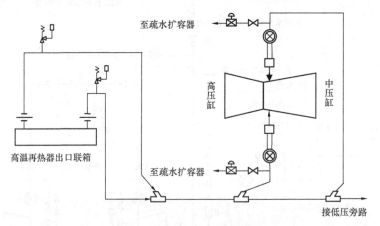

图 4－6   600MW 机组的热再热蒸汽系统

（1）热再热蒸汽系统概述。600MW 超临界压力机组的热再热蒸汽系统采用双管-单管-双管布置。

中压联合汽门是由一只滤网、一只中压主汽门和两只中压调节汽门组成的组合式阀门。中压主汽门的作用是当汽轮机跳闸时快速切断从锅炉再热器到汽轮机中压缸的高温再热蒸汽，以防汽轮机超速。

（2）保护装置。再热器出口双管上各设有一只弹簧安全阀及消音器，为再热器提供超压保护。其安全阀的整定值低于再热器进口的安全阀，以便超压时再热器出口安全阀先于进口安全阀开启，保证安全阀动作时有足够的蒸汽流过再热器，防止再热器管束超温。

（3）疏水系统。热再热蒸汽温度高，比体积大，所以其管道较粗，在机组启动时有较多的凝结水需要排出；此外，在启动暖管期间，特别是热态启动期间，为加速暖管升温，也应该及时排放凝结水和温度不高的蒸汽。因此，热再热蒸汽管道上也设有畅通的疏水系统。疏水点分别位于两只中压联合汽门前，疏水支管上设有一只截止阀和一只气动薄膜调节阀，疏水流入疏水扩容器。

三、再热机组的旁路系统

（一）旁路系统及其作用

现代大容量火力发电机组，由于采用了单元机组和中间再热，因此在下列运行过程中，锅炉和汽轮机之间的运行工况必须有良好的协调：锅炉和汽轮机的启动过程、锅炉和汽轮机的停用过程、汽轮机故障时锅炉工况的调整过程等。为使再热机组适应这些特殊要求，并具有良好的负荷适应性，再热机组一般会设置一套旁路系统，称为再热机组的旁路系统。

图 4-7 所示为再热机组的两级串联旁路系统。从锅炉来的新蒸汽绕过汽轮机高压缸，经减压减温后进入再热冷段蒸汽管道的系统，称为高压旁路（Ⅰ级旁路）；再热后的蒸汽绕过汽轮机中、低压缸，经减压减温后直接排入凝汽器的系统称为低压旁路（Ⅱ级旁路）。

再热机组的旁路系统有以下几方面的作用。

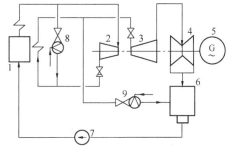

图 4-7　再热机组的两级串联旁路系统
1—锅炉；2—汽轮机高压缸；3—中压缸；4—低压缸；
5—发电机；6—凝汽器；7—给水泵；
8—高压旁路；9—低压旁路

1. 保护再热器，防止锅炉超压

再热式机组一般采用烟气再过热，它是通过布置在锅炉内的再热器，在正常工况时将汽轮机高压缸排汽再热至额定温度，而处于烟气高温区的再热器本身也得以冷却保护。在锅炉点火、汽轮机冲转前，停机不停炉或甩负荷等工况，汽轮机高压缸没有排汽，则通过高压旁路引来新蒸汽经减压减温后引入再热器使其冷却得到保护。

机组发生故障，锅炉紧急停炉时，可通过旁路系统将其剩余蒸汽排出，防止锅炉超压，减少安全阀动作次数，有助于保证安全阀的严密性，延长其使用寿命。

2. 回收工质和热量，降低噪声

燃煤锅炉如不投油助燃，其最低稳燃负荷，一般不低于锅炉额定蒸发量的 50%。汽轮机的空载汽耗量，一般仅为汽轮机额定汽耗量的 5%～10%。单元机组启停或甩负荷时，锅炉蒸发量与汽轮机所需蒸汽量不一致，存在大量剩余蒸汽。设置旁路后，即可回收这时的大量剩余蒸汽，减少其热损失，又可降低排汽噪声，改善环境。

3. 协调启动参数和流量、缩短启动时间，延长汽轮机寿命

再热机组系统复杂，又是多缸结构，高压缸为双层缸。机组启动时，要严密监视各处温度和温升率，以控制胀差和振动在允许范围内。不同的温度状态下启动，对蒸汽温度有不同要求。单元机组采用滑参数启动时，先以低参数蒸汽冲动汽轮机，再随着汽轮机的升速、带

负荷的需要，不断地提高锅炉出口蒸汽的压力、温度和流量，使锅炉产生的蒸汽参数与汽轮机金属的温度状况相适应，以控制各项温差，保证均匀加热汽轮机。如只靠调整锅炉燃烧或汽压是难以满足上述要求的，在热态启动时更为困难。采用了旁路系统，可协调单元机组的冷、温、热态滑参数启动或停运时的蒸汽参数匹配，适应单元机组滑参数启停的要求，又缩短了机组的启动时间。由于可严格控制温差与温升率，相应延长了汽轮机的寿命。

4. 甩负荷时锅炉能维持热备用状态

电网故障时，旁路系统可快速（2~3s）投入使锅炉维持在最低稳定燃烧负荷下运行，或带厂用电或机组空负荷运行。汽轮机跳闸甩负荷，可实现停机不停炉，争取时间让运行人员判断甩负荷原因，以决定锅炉停炉还是继续保持稳定负荷运行，需要时机组可很快重新并网带负荷，恢复至正常状态。可见旁路系统的设置可更好地适应调峰机组运行的需要。

（二）旁路系统的容量

旁路系统的容量即旁路系统的通流能力，关于旁路系统容量的定义，国内外有不同的定义提法，我国采用较多的是，锅炉 BMCR（锅炉最大连续蒸发量）工况参数下的通流能力与相应的锅炉蒸发量之比。即

$$高压旁路容量 = \frac{锅炉\ BMCR\ 工况主蒸汽参数下高旁阀全开流量}{锅炉\ BMCR\ 工况主蒸汽流量} \times 100\%$$

$$低压旁路容量 = \frac{锅炉\ BMCR\ 工况再热蒸汽参数下低旁阀全开流量}{锅炉\ BMCR\ 工况再热蒸汽流量} \times 100\%$$

旁路系统容量的选择与机组在电网中承担的负荷性质、锅炉特点、汽轮机特点和旁路系统设备特点等因素有关，需要进行综合分析。结合我国国情，高压旁路一般选 30%~40%，低压旁路一般选 30%~70%。

（三）600MW 机组两级串联旁路系统

再热机组旁路系统主要有两级串联旁路系统、一级大旁路系统、三级旁路系统、两级并联旁路系统等几种形式。其中，两级串联旁路系统（见图 4-7）功能齐全，系统不太复杂，广泛应用于国产 125~600MW 等各种容量的再热机组上。它既适用于带基本负荷的机组，也适用于调峰机组。600MW 超临界压力机组就通常采用两级串联旁路系统，如图 4-8 所示。

1. 高压旁路系统

高压旁路进口管道从靠近汽轮机侧单管上引出接至高压旁路阀进口，这样在机组启动时可使主蒸汽管道得到充分暖管，并减少主汽门前管道的疏水量。高压旁路蒸汽管道在旁路阀前、后都设置有疏水管，其疏水至疏水扩容器。高压旁路投运时，主蒸汽首先进入高压旁路阀。该阀开启后，先降低蒸汽压力，减压后的蒸汽与喷入的雾化减温水充分混合换热，使其冷却至汽轮机正常工况下的冷再热蒸汽温度。其出口一般安装消音器，用于降低高压汽流通过时所产生的噪声。高压旁路的减温水来自给水泵出口，依次经过减温水隔离阀和减温水调节阀，喷入高压旁路阀。隔离阀是减温水的开关，它具有关断作用，旁路停用时关闭减温水。调节阀可降低减温水压力，调节减温水流量。

2. 低压旁路系统

低压旁路蒸汽管道从中压联合汽门前高温再热蒸汽管上引出，接至低压旁路阀入口。

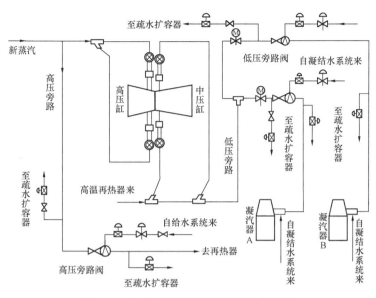

图 4-8　600MW 机组的两级串联旁路系统

当机组启动时，可使大口径的热再热蒸汽管道充分暖管和提高再热蒸汽温度。在低压旁路阀前、后也设置有疏水管。低压旁路投入时，热再热蒸汽通过一只电动闸阀流入低压旁路阀。低压旁路的减温水来自凝结水泵出口，经过减温水隔离阀和调节阀，然后喷入低压旁路阀，与蒸汽充分混合交换热量，减压减温后的蒸汽流出低压旁路阀，流往凝汽器。

3. 减温水

旁路系统的减温水来源应根据所需减温蒸汽的压力来选择。为保证减温水能顺利流入旁路，其压力应高于所需减温的蒸汽压力。高压旁路的减温对象为高温高压的主蒸汽，因此，其减温水来自比主蒸汽压力更高的给水泵出口的给水。低压旁路的减温对象为压力较低的热再热蒸汽，其减温水来自比热再热蒸汽压力稍高的凝结水泵出口的凝结水（凝结水精处理装置后引出）。

一般经低压旁路减压减温后的蒸汽压力、温度还较高，如果直接排入凝汽器，将造成凝汽器的温度升高、真空降低，因此在凝汽器喉部设置Ⅲ级减温减压装置，以进一步降低蒸汽的压力和温度至凝汽器所允许值。此处的减温水仍是来自凝结水泵出口的凝结水。

4. 旁路装置的技术参数

高压和低压旁路装置包括旁路阀、喷水调节阀和喷水隔离阀。600MW 机组旁路装置的有关技术参数见表 4-1。

表 4-1　　　　　　　　　　　600MW 超临界机组旁路装置的技术参数

名　称			高压旁路装置			低压旁路装置		
组成			旁路阀	喷水调节阀	喷水隔离阀	旁路阀	喷水调节阀	喷水隔离阀
驱动方式			气动	气动	气动	气动	气动	气动
设计参数	入口	压力（MPa）	24.2	29.1	30	4.33	2.87	3
		温度（℃）	566	191.7	191.7	566	49.1	49.1

名　称	高压旁路装置			低压旁路装置		
组成	旁路阀	喷水调节阀	喷水隔离阀	旁路阀	喷水调节阀	喷水隔离阀
驱动方式	气动	气动	气动	气动	气动	气动
设计参数　出口　压力（MPa）	4.81	4.81	29.1	0.8	1.81	2.87
温度（℃）	322.8	191.7	191.7	171	49.1	49.1
额定流量（t/h）	570	103.6	103.6	336.8	108.2	108.2

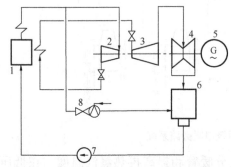

图 4-9　再热机组的一级大旁路系统

1—锅炉；2—汽轮机高压缸；3—中压缸；4—低压缸；
5—发电机；6—凝汽器；7—给水泵；
8—整机大旁路（一级大旁路）

（四）一级大旁路系统

一级大旁路系统也称为单级整机旁路系统，如图 4-9 所示。由锅炉来的新蒸汽，绕过汽轮机，经整机大旁路减压减温后排入凝汽器。

这种系统较为简单，操作简便，投资最少，可用来调节过热蒸汽温度，但不能保护锅炉再热器。机组滑参数启动时，特别是机组在热态启动时，不能调节再热蒸汽温度，适用于再热器不需要保护的机组上，如再热器采用了耐高温材料又布置在低温烟气区，可以短时间不通蒸汽冷却，允许短时间干烧。这种旁路系统不适用于调峰机组。目前，我国少部分 600MW 和 1000MW 机组的旁路系统采用这种形式。

四、C12-4.9/0.981 型供热机组主蒸汽系统

图 4-10（a）、（b）所示为热电厂 C12-4.9/0.981 型供热机组的集中母管制主蒸汽系统及其工作流程。

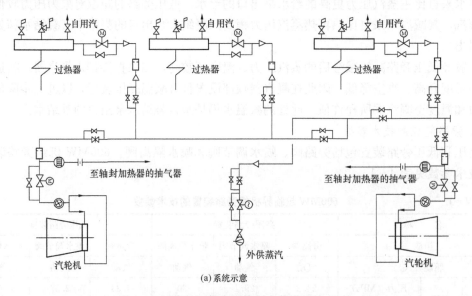

(a)系统示意

图 4-10　热电厂集中母管制主蒸汽系统（一）

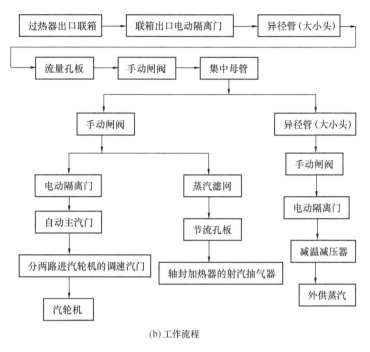

(b) 工作流程

图 4-10　热电厂集中母管制主蒸汽系统（二）

> **能力训练** <

在学习小组内，分别识读仿真机界面上或现场单元机组主蒸汽与旁路系统图，并进行识绘练习。

任务二　回热抽汽系统

> **任务目标** <

熟练识读 600MW 机组的回热抽汽系统图，掌握回热抽汽系统中各管道附件的作用，熟悉回热抽汽管道上采取的保护措施。

> **知识准备** <

一、回热抽汽系统

在汽轮机中做过一部分功的蒸汽，引入回热加热器中加热锅炉给水，可提高电厂的热经济性。再热机组一般设有七至八级抽汽，其中有一级抽汽供除氧器用汽，二至三级供高压加热器用汽，其余供低压加热器用汽。回热抽汽还提供给水泵汽轮机的正常工作汽源及各种用途的辅助蒸汽。有的抽汽管道从高压缸及中压缸排汽管上接出，这样可减少汽轮机的抽汽口。

二、系统的保护措施

汽轮机各段抽汽管道将汽轮机与各级加热器或除氧器相连。当汽轮机突降负荷或甩负荷时，蒸汽压力急剧降低，加热器和除氧器内的饱和水将闪蒸成蒸汽，与各抽汽管道内滞留的蒸汽一同返回汽轮机。这些返回汽轮机的蒸汽可能在汽轮机内继续做功而造成汽轮机超速。另外，加热器管束破裂，管子与管板或联箱连接处泄漏，以及加热器疏水不畅造成水位过高等情况，都会使水倒流入汽轮机，发生水冲击。

回热抽汽系统必须保证系统中汽、水介质不倒流入汽轮机，防止汽轮机超速或发生水冲击。为此，回热抽汽管道上安装有电动隔离阀和气动止回阀。其中，电动隔离阀的安装位置靠近加热器，作为防止汽轮机进水的第一级保护。气动止回阀安装在汽轮机抽汽口附近，防止汽轮机倒流入蒸汽超速并兼作防汽轮机进水的二级保护。电动隔离阀的另一个作用是在加热器切除时，切断加热器汽源。

三、600MW 超临界压力机组的回热抽汽系统

典型的 600MW 超临界压力机组的回热抽汽系统如图 4 - 11 和图 4 - 12 所示，图 4 - 11 所示为其高、中压缸的回热抽汽系统，图 4 - 12 所示为其低压缸的回热抽汽系统。

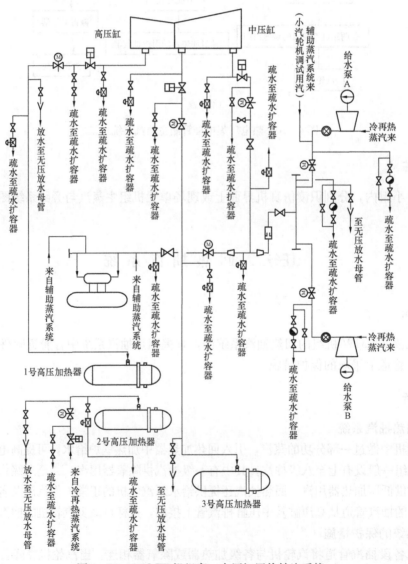

图 4 - 11　600MW 机组高、中压缸回热抽汽系统

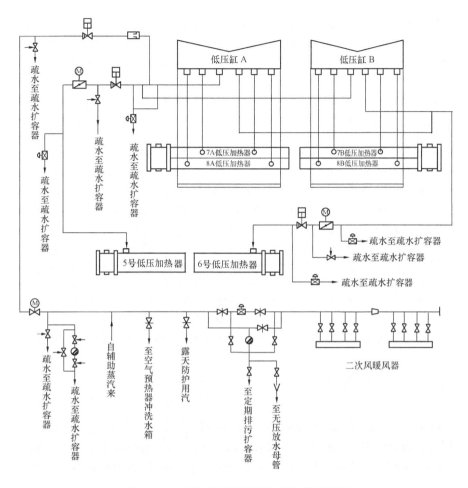

图 4-12　600MW 机组低压缸回热抽汽系统

该机组共有八级非调整抽汽。第一级抽汽从高压缸的抽汽口至 1 号高压加热器；第二级抽汽从再热冷段引出，为 2 号高压加热器供汽；第三级抽汽从中压缸抽汽口抽出，供给 3 号高压加热器；第四级抽汽从中压缸抽汽口至抽汽总管，然后再由总管上引出三路支管，分别供给除氧器、两台给水泵驱动汽轮机和辅助蒸汽系统；5~8 段抽汽分别供汽至四台低压加热器。

第一、三、五、六级抽汽管道在靠近抽汽口处，第二级抽汽管道在靠近冷再热蒸汽管道接管处，分别装有一只电动隔离阀和一只气动止回阀。

第四级抽汽管道上连接有较多的热力设备，这些设备有的接有高压备用汽源（给水泵汽轮机接有备用的冷再热蒸汽汽源），有的接有辅助蒸汽汽源（除氧器），在机组启动、低负荷运行、突然甩负荷或停机时，其他汽源的蒸汽有可能窜入第四级抽汽管道，造成汽轮机超速，所以在该抽汽总管上靠近汽轮机抽汽口处串联安装了两只气动止回阀和一只电动隔离阀，起到双重保护作用。此外，去除氧器的蒸汽支管上还接有从辅助蒸汽系统来的启动加热蒸汽，因此在进入除氧器的支管上安装有一只电动隔离阀和一只气动止回阀。

第四级抽汽去小汽轮机的支管上安装有流量测量喷嘴和止回阀，分成两路支管（支管上安装电动隔离阀）分别去两台给水泵汽轮机。其上止回阀的作用是防止高压汽源切换时，高压蒸汽窜入抽汽系统。

　　第五、六级抽汽口位于凝汽器的壳体内，各有两个接口。其抽汽管道从凝汽器壳体穿出后，分别合并成一股至各相应的加热器，在靠近凝汽器接口处的管道上布置隔离阀和止回阀。

　　7、8 号低压加热器为组合式低压加热器，布置在凝汽器 A、B 喉部，相应的抽汽（各有四根）管道也布置在凝汽器内部。这两级抽汽压力较低，汽水倒流的危害较小，且这时蒸汽已接近膨胀终了，容积流量很大，抽汽管道较粗，阀门的尺寸大，不易制造，因此这两级抽汽管道不装设隔离阀和止回阀。

　　在抽汽系统的各级抽汽管道的隔离阀和止回阀后，以及管道的低位点，分别设置疏水点，以防止在机组启动、停机和加热器发生故障时系统内积水。疏水排至疏水扩容器，第一、二、三级抽汽管道靠近加热器侧还设有放水管道，至无压放水母管。

　　北方地区 600MW 机组的锅炉通常设置锅炉暖风器，其加热蒸汽由第五级抽汽提供，该供汽管道由第五级抽汽管道的气动止回阀前引出，沿汽流方向设置流量测量装置、气动止回阀和电动隔离阀，经过一套流量调节装置，分别送达锅炉甲、乙两侧二次风暖风器。在流量调节装置之前，引出两路支管，分别去空气预热器冲洗水箱和用作露天防护用汽。

　　当启动及低负荷期间，第五级抽汽压力达不到要求时，由辅助蒸汽系统为暖风器等供汽。

四、C12 - 4.9/0.981 型供热机组的回热抽汽系统

　　图 4 - 13 所示为热电厂 C12 - 4.9/0.981 型供热机组的回热抽汽系统。该机组共有三级抽汽。第一级抽汽为调整抽汽，从汽缸抽出至蒸汽母管，从该蒸汽母管接出的用汽管道有：外供热网用汽管道；给水泵汽轮机用汽管道；除氧器加热蒸汽用汽管道。接入该蒸汽母管的管道有：2 号机组的第一级抽汽管道，经新蒸汽减温减压来的备用供汽管道。机组第一级抽

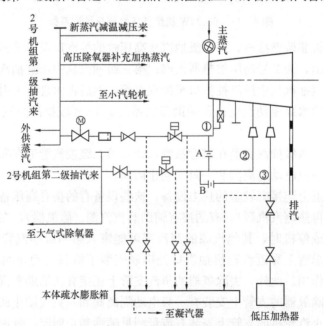

图 4 - 13　C12 - 4.9/0.981 型供热机组的回热抽汽系统

汽管道上安装有两只止回阀（加强了止回阀的作用）、一只流量孔板和一只电动隔离阀。第二级抽汽为非调整抽汽，从汽缸抽出至抽汽母管，为大气式除氧器（补充水除氧器，压力为0.12MPa）提供加热蒸汽，接入该抽汽母管的管道还有2号机组的第二级抽汽。该抽汽管道上安装有一只水动止回阀和一只闸阀。第三级抽汽（非调整抽汽）从汽缸抽出为低压加热器提供加热蒸汽。该抽汽管道上设置了一只止回阀和一只截止阀。

各抽汽管道上的止回阀前都接有疏水管道，把疏水引入汽轮机本体疏水膨胀箱，经扩容后疏水回收至凝汽器。

机组在一、二、三级抽汽管道之间设有逐级自流管（图4-13中A、B所示），逐级自流管上装有流量孔板，通过一、二、三级抽汽的压力差，高压抽汽自动补充低压抽汽的不足。

此外，在一级抽汽和二级抽汽之间的汽轮机缸体上接有一段短管，该短管为机组的预留抽汽管道。

> 能力训练 ◀

在学习小组内，分别识读仿真机界面或现场机组的回热抽汽系统图，并进行识绘练习。

任务三 主凝结水系统

> 任务目标 ◀

熟练识读C12型供热机组及600MW超临界压力机组的主凝结水系统图，掌握主凝结水系统的作用和组成，掌握系统中各管道附件的作用，熟悉一般机组主凝结水系统的特点。

> 知识准备 ◀

一、主凝结水系统的作用和组成

主凝结水系统是指由凝汽器至除氧器之间与主凝结水相关的管道及设备。主凝结水系统的主要作用是加热凝结水，并把凝结水从凝汽器热水井送到除氧器；为保证整个系统可靠工作，在输送过程中，还要对凝结水进行除盐净化和必要的控制调节；在运行过程中提供有关设备的减温水、密封水、冷却水和控制水等。另外，在凝结水系统还补充热力循环过程中的汽水损失。

主凝结水系统一般由凝结水泵、轴封加热器、低压加热器等主要设备及其连接管道组成。亚临界及以上参数机组由于锅炉对给水品质要求很高，所以在凝结水泵后都设有除盐装置，有些机组由于除盐装置耐压条件的限制，凝结水采用二级升压，因此在除盐装置后一般还装设有凝结水升压泵。大容量机组的主凝结水系统还包括由补充水箱和补充水泵等组成的补充水系统。为保证系统在启动、停机、低负荷和设备故障时运行的安全可靠性，系统设置有众多的阀门和阀门组。火力发电机组的主凝结水系统有以下共同点。

（1）设置两台容量为100%的凝结水泵或凝结水升压泵，一台正常运行，一台备用，运行泵故障时连锁启动备用泵。

（2）低压加热器设置主凝结水旁路。图4-14所示为低压加热器设置的主凝结水旁路，旁路的作用是：当某台加热器故障解列或停运时，凝结水通过旁路进入除氧器，不因加热器发生故障而影响整个机组正常运行。每台加热器设有一个旁路的，称为小旁路，如图 4 - 14 （a）所示；两台以上加热器共用一个旁路的，称为大旁路，如图 4 - 14 （b）所示。大旁路具有系统简单、阀门少、节省投资等优点，但是当一台加热器故障时，该旁路中的其余加热器也随之解列停运，凝结水温度大幅度降低，这不仅降低了机组运行的经济性，而且使除氧器进水温度降低，工作不稳定，除氧效果变差。小旁路与大旁路恰恰相反。因此，低压加热器的主凝结水系统多采用大小旁路联合的应用方式。

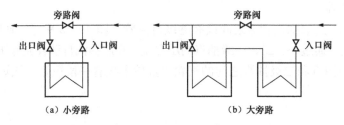

图 4 - 14　低压加热器的主凝结水旁路

（3）设置凝结水最小流量再循环。为了使凝结水泵在启动或低负荷时不发生汽蚀，同时又保证轴封加热器有足够的凝结水量流过，使轴封漏汽能完全凝结下来，以维持轴封加热器中的微负压状态，在轴封加热器后的主凝结水管道上设有返回凝汽器的凝结水最小流量再循环管道。

（4）各种减温水及杂项用水管道，接在凝结水泵出口或除盐装置后。因为这些水往往要求是纯净的压力水。

（5）在凝汽器热井底部、最后一台（沿凝结水流向）低压加热器的出口凝结水管道上、除氧器水箱底部都接有排地沟的支管，以便在机组投运前，冲洗凝结水管道时，将不合格的凝结水排入地沟。

（6）化学补充水通过补充水调节阀补入凝汽器（除氧器或凝结水系统），以补充热力循环过程中的汽水损失。

二、600MW 超临界压力机组的主凝结水系统

图 4 - 15 所示为 600MW 机组的主凝结水系统。该机组的主凝结水流程为：高压凝汽器热井→凝结水泵→凝结水精处理装置→轴封加热器→8 号低压加热器→7 号低压加热器→6 号低压加热器→5 号低压加热器→除氧器。

1. 凝结水泵及其管道

从高压凝汽器热水井 B 引出一根凝结水总管，然后分两路接至两台凝结水泵的进口（两台凝结水泵互为备用），在泵的进口管上各装有一只电动闸阀和一只滤网。闸阀用于水泵检修隔离，滤网可防止热井中可能积存的残渣进入泵内。滤网上装有压差开关，当滤网受堵压降达到限定值时，向集控室发出报警信号。如确认热井内部已经洁净，可拆除滤网以减少阻力损失，减少汽蚀危险。在两台凝结水泵的出口管道上均装有一只止回阀和一只电动闸阀，闸阀上装有行程开关，便于控制和检查阀门的开闭状态，止回阀防止凝结水倒流。两台凝结水泵及其出口管道上均设置抽空气管，在启动时将空气抽至高压凝汽器。

2. 凝结水的精处理

为了确保锅炉给水品质，防止由于凝汽器管束泄漏或其他原因造成凝结水中含盐量增大，在凝结水泵之后设置一套凝结水精处理装置。

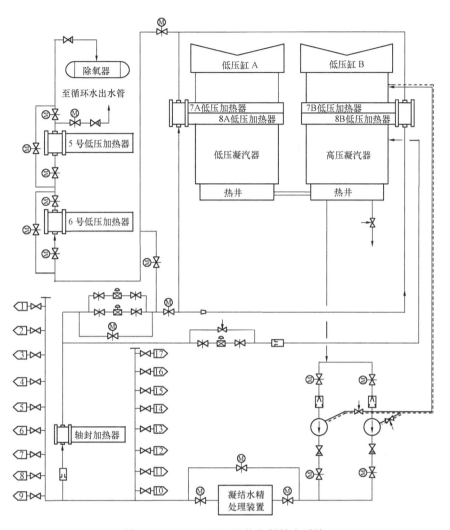

图 4 - 15　600MW 机组的主凝结水系统

1—至闭式循环水系统；2—至真空泵补充水；3—至一号疏水扩容器减温水；4—至二号疏水扩容器减温水；
5—至低压缸喷水；6—至低压凝汽器三级减温水；7—至高压凝汽器三级减温水；8—至真空破坏阀密封水；
9—至定子冷却水；10—至采暖减温器；11—至低压旁路减温器；12—至轴封供汽低压减温器；
13—至辅汽轴封减温器；14—至汽封高压减温器；15—至辅汽暖风器系统减温器；
16—至辅助蒸汽燃油系统减温器；17—至油泵房减温器

　　两台凝结水泵出口管道汇成一根总管道接至精处理装置，精处理装置进、出水管上各装一只电动隔离阀，并设有旁路和一只旁路阀，在启动充水或运行中精处理装置故障需要切除时，旁路阀开启，进、出口阀关闭，主凝结水走旁路。精处理装置投入运行时，进、出口阀开启，旁路阀关闭。

　　该机组的精处理装置采用中压系统的连接方式，即无凝结水升压泵而直接将凝结水精处理装置串联在凝结水泵出口。这时，精处理装置承受凝结水泵出口的较高压力。这种系统的优点是设备少（节省了两台凝结水升压泵及其再循环管道、阀门等）、管道短、易于保证凝结水的含氧量，且简化了系统，便于运行人员操作。而有些机组采用的低压系统（凝结水精处理装置位于凝结水泵和凝结水升压泵之间，凝结水须经二次升压，此时凝结水精处理装置承受较低压力）常常因凝结水泵和凝结水升压泵不同步及压缩空气阀门不严密，导致空气漏入精处理系统，使凝结水中溶解氧含量增大。

3. 凝结水最小流量再循环

经凝结水精处理装置后的凝结水进入轴封加热器。轴封加热器进口的主凝结水管路上设置流量测量孔板，测量主凝结水流量。

在轴封加热器后、低压加热器 H8 前，设置一根通往凝汽器的凝结水最小流量再循环管道。该管道上的装置及其作用如前所述。再循环流量取凝结水泵或轴封加热器最小流量的较大值。最小流量再循环管道上还设有调节阀，以控制在不同工况下的再循环流量。

4. 除氧器给水箱水位控制

除氧器给水箱水位控制台设在轴封加热器之后、低压加热器 H8 的进水侧，它由主（70%）、副（30%）调节阀和旁路阀组成，凝结水泵采用变频调速。正常运行时，主、副调节阀全开，由主调节阀利用给水箱水位、锅炉给水流量和凝结水流量三冲量控制，自动调节保持给水箱水位正常。当变频器发生故障时，通过调节阀控制除氧器水位，先由副调节阀进行除氧器水位调节，当副调节阀全开时，主调节阀才处于调节状态。当机组负荷小于 30%MCR，或当主调节阀故障检修时，在集控室手控副调节阀对给水箱水位进行单冲量控制。当主、副调节阀均故障时，由运行人员在控制室手动调节旁路阀控制。

5. 低压加热器及其管道

低压加热器 H7、H8 为组合低压加热器，各有两台，每台容量为 50%，并联安装在凝汽器颈部，共用一根旁路管道。其进、出口阀和旁路阀与该加热器高-高水位联动，当加热器出现高-高水位时，旁路阀开启，进、出口阀门关闭，凝结水走旁路。低压加热器 H5、H6 分别设有电动小旁路。每台加热器水侧，均装设有一只泄压阀。在进入除氧器之前的主凝结水管道上装设有止回阀，以防止机组事故甩负荷时，除氧器内的蒸汽倒流入凝结水系统。

6. 启动排水系统

5 号低压加热器出口管道上引出一路排水管接至循环水排水管道，排水管道上设有一只电动闸阀和一只止回阀。该管道只在机组启动期间使用，以排放水质不合格的凝结水，并对主凝结水系统进行冲洗。当凝结水的水质符合要求时，关闭排水阀，开启 5 号低压加热器出口阀门，凝结水进入除氧器。

在凝汽器底部也接出一根排污管道，管道上装设手动闸阀，在机组投运前冲洗凝汽器及凝结水管道时，将不合格的凝结水排至循环水坑。

7. 各种减温水和杂项用水

为满足热力系统的运行需要，从凝汽器精处理装置出口的主凝结水管上引出多路分支，供给热力系统不同位置用水。这些分支主要包括：低压旁路的二、三级减温水；汽轮机低压缸的低负荷喷水；凝汽器一、二号疏水扩容器；汽轮机轴封高、低压减温水；轴封加热器水封补充水；真空泵补充水；闭式循环冷却水系统；发电机定子冷却水系统；凝汽器真空破坏阀密封水；给水泵轴封供水；小汽轮机轴封供汽减温器；采暖减温器；油区加热吹扫减温器；炉前燃油雾化蒸汽减温器。

三、C12 - 4.9/0.981 型供热机组的主凝结水系统

图 4 - 16 所示为热电厂 C12 - 4.9/0.981 型供热机组的主凝结水系统。

1. 凝结水泵及其管道

凝结水从凝汽器热水井引出，分两路分别接至两台凝结水泵（互为备用）的进口，在两台凝结水泵的进口管道上各安装有一只异径管和一只水封阀，出口管道上均设置有止回阀和截止阀，止回阀用于防止凝结水倒流。

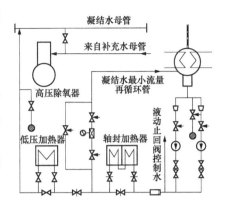

图 4 - 16　C12 - 4.9/0.981 型供热机组的主凝结水系统

在凝汽器热水井出口与凝结水泵入口之间的管道上接一根排水管至地沟，供安装检修后清洗凝汽器放水用。

从凝结水泵出口引出一路凝结水作为液动止回阀的控制水。

在凝结水泵出口阀全开的情况下，凝汽器的水位由凝结水泵出口流量与凝结水泵入口压力成正比的变化规律来决定。当机组负荷增大时，凝结水量增多，凝汽器内的水位相应升高，凝结水泵入口压力增大，凝结水泵出口流量随之增大；当机组负荷降低时，凝结水泵出口流量随之减小。

2. 凝结水最小流量再循环管道

在轴封加热器后、低压加热器前，设置一路通往凝汽器的凝结水最小流量再循环管道。该管道上安装有凝结水最小流量再循环装置，它由一只电动调节阀、两只水封阀和一只旁路阀组成。当运行中流量小于凝结水泵和轴封加热器所要求的最小流量时，再循环管道自动开启，以维持凝结水泵和轴封加热器中的最小流量，同时保证凝结水泵不发生汽蚀。

3. 该机组主凝结水系统的主要流程

热水井→（分两路）异径管→水封阀→凝结水泵→止回阀→截止阀→流量孔板→轴封加热器→闸阀→低压加热器→凝结水母管→高压除氧器。

▶ 能力训练 ◀

1. 在学习小组内，分别识读仿真机界面或现场机组的主凝结水系统图，并进行识绘练习。

2. 结合自动调节系统，分别讲述除氧器给水箱水位的控制调节过程。

任务四　给　水　系　统

▶ 任务目标 ◀

掌握给水系统的作用、组成以及给水系统的形式；熟悉给水泵的连接方式；能熟练识读、识绘 C12 型供热机组及 600MW 超临界压力机组的给水系统。

▶ **知识准备** ◀

一、给水系统的作用和组成

从除氧器给水箱经前置泵、给水泵、高压加热器到锅炉省煤器前的全部给水管道，以及给水泵的再循环管道、各种用途的减温水管道、管道附件等组成了发电厂的给水系统。

给水系统的主要作用是把除氧水升压后，通过高压加热器加热供给锅炉，提高循环的热效率，同时提供高压旁路减温水、过热器减温水及再热器减温水等。

因给水泵前后的给水压力相差很大，对管道、阀门和附件的金属材料要求也不同，所以通常分为低压给水系统和高压给水系统。

由除氧器给水箱经下水管至给水泵进口的管道、阀门和附件，承受的给水压力较低，称为低压给水系统。为减少流动阻力，防止给水泵汽蚀，一般采用管道短、管径大、阀门少、系统简单的管道系统。

由给水泵出口经高压加热器到锅炉省煤器前的管道、阀门和附件，承受的给水压力很高，称为高压给水系统。该系统水压高，设备多，对机组的安全经济运行影响大，所以对其要求严格。一般再热机组的给水系统有以下特点：

（1）在给水泵出口的高压给水管道上按水流方向装设一只止回阀和一只截止阀。止回阀用于防止高压水倒流，截止阀用于切断高压给水与事故泵和备用泵的联系。

（2）为防止低负荷时给水泵汽蚀，在各给水泵的出口止回阀前接出至除氧器给水箱的再循环管，保证在低负荷工况下有足够的水量通过给水泵。

（3）高压加热器均设有给水自动旁路，当高压加热器故障解列时，可通过旁路向锅炉供水。

（4）备用泵（电动泵）液力耦合器勺管开度设在合适的位置，以便事故情况下能快速上水，同时避免投运时启动电流过大。

二、给水系统的形式

给水系统的形式与机组的型式、容量和主蒸汽系统的形式有关。主要有以下几种形式：单母管制、切换母管制和单元制。

1. 单母管制

图 4-17 所示为单母管制给水系统，它设有三根单母管，即给水泵入口侧的低压吸水母管、给水泵出口侧的压力母管和锅炉给水母管。其中吸水母管和压力母管采用单母管分段，锅炉给水母管采用的是切换母管。

备用给水泵通常布置在吸水母管和压力母管的两分段阀之间。按水流方向，给水泵出口顺序装有止回阀和截止阀。止回

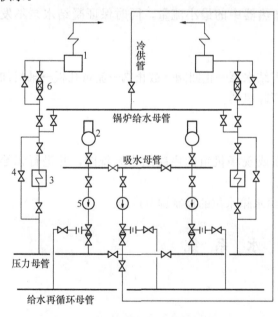

图 4-17　单母管制给水系统

1—锅炉；2—除氧器；3—高压加热器组；4—高压加热器组
旁路；5—给水泵；6—锅炉给水操作台

阀的作用是在给水泵处于热备用状态或停止运行时，防止压力母管的压力水倒流入给水泵，导致给水泵倒转而干扰了吸水母管和除氧器的运行。截止阀的作用是在给水泵故障检修时，切断与压力母管的联系。为防止给水泵在低负荷运行时，因流量小未能将摩擦热带走而导致入口处发生汽蚀的危险，在给水泵出口止回阀处装设再循环管，保证通过给水泵有一最小不汽蚀流量，再循环母管与除氧器水箱相连（图中未画出），将多余的水通过再循环管返回除氧器水箱。当高压加热器故障切除或锅炉启动上水时，可通过压力母管和锅炉给水母管之间的冷供管供应给水。图中还表示出了高压加热器的大旁路和最简单的锅炉给水操作台。

单母管制给水系统的特点是安全可靠性高，灵活性强，但系统复杂、阀门较多、投资大。供热式机组多采用单母管制给水系统。

2. 切换母管制

图 4-18 所示为切换母管制给水系统。低压吸水母管采用单母管分段，压力母管和锅炉给水母管均采用切换母管。

当汽轮机、锅炉和给水泵的容量相匹配时，可做单元运行，必要时可通过切换阀门交叉运行，因此其特点是有足够的可靠性和运行的灵活性。但是，因有母管和切换阀门，投资大、阀门多。

3. 单元制

图 4-19 所示为 300MW 机组的单元制给水系统。由于 300MW 机组主蒸汽管道采用的是单元制，给水系统也必须采用单元制。这种系统简单，管路短、阀门少、投资省，便于机、炉集中控制和管理维护。当采用无节流损失的变速调节时，其优越性更为突出。当然，运行灵活性差也是不可避免的缺点。它适用于中间再热凝汽式或中间再热供热式机组的发电厂。

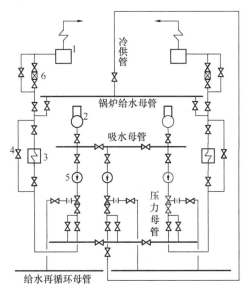

图 4-18　切换母管制给水系统

1—锅炉；2—除氧器；3—高压加热器组；

4—高压加热器组旁路；5—给水泵；

6—锅炉给水操作台

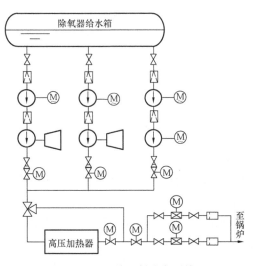

图 4-19　单元制给水系统

三、给水泵的连接方式及小汽轮机的汽源

（一）给水泵的拖动及连接方式

发电厂给水泵的拖动方式最常用的有电动和汽动两种，目前一般机组采用电动机拖动，称为电动给水泵；大型火电机组的给水泵一般由专用的小汽轮机拖动，称为汽动给水泵。拖动给水泵所需要的功率，随主汽轮机单机容量和蒸汽初参数的提高而增大，给水泵功率占主机功率的百分比也随机组参数的提高而增加。对于超高参数机组该百分比约为 2%；亚临界参数机组约为 3%～4%；超临界参数机组高达 5%～7%。由于亚临界和超临界机组的百分比较高，所以应采用高转速给水泵，这样可使给水泵的级数、给水泵的长度和重量减少。由于电动给水泵受电动机容量和允许启动电流的限制，故在大型机组中，一般以汽轮机（一般称为小汽轮机或辅助汽轮机）拖动的给水泵作为经常运行的主给水泵，而以电动给水泵作为备用。

采用小汽轮机驱动给水泵有以下优缺点：

（1）小汽轮机可根据给水泵的需要采用高转速或变速调节（29～6000r/min）。以改变小汽轮机的转速来调节给水流量，比节流调节经济性高，还简化了给水系统，方便调节。

（2）大型再热机组的电动给水泵耗电量约占全部厂用电量的 50% 左右，采用汽动给水泵后可以减少厂用电，使整个机组向外界多供 3%～4% 的电能。

（3）从投资和运行角度看，大型电动机加上升速齿轮液力联轴器及电气控制设备的总投资比采用小汽轮机拖动时要多。大型电动机启动电流大，对厂用电系统的安全冲击大。

（4）采用汽动给水泵的缺点是使汽水管路较复杂，给水泵启动较慢。

给水泵汽轮机的排汽有两种方式。一种是排至专门为小汽轮机设置的凝汽器。这不仅使系统复杂，投资增加，而且会增加厂用电消耗和运行维护的工作量，因此新型机组上已不再采用；另一种排汽方式是排汽直接排入主汽轮机的凝汽器，在排汽管道上装设一个真空蝶阀，以保证汽轮发电机组正常运行时小汽轮机的排汽能通畅地排入主汽轮机凝汽器，同时在机组甩负荷或给水泵检修而切除时，关闭真空蝶阀，切断主汽轮机凝汽器与小汽轮机之间的联络，维持主汽轮机凝汽器的真空，保证主汽轮机安全运行。这种排汽方式系统简单，安全可靠，故现场采用较多。

中、高参数发电厂中一般都采用电动定速（3000r/min）给水泵。超高参数及以上的发电厂，多采用高转速的变速调节给水泵，高转速给水泵的缺点是给水泵入口处容易发生汽化。为避免高转速给水泵发生汽蚀，最常用的有效措施是在给水泵之前另设置低转速（1500r/min）水泵，称为前置泵。

前置泵和主给水泵的连接方式有两种：前置泵与主给水泵同轴拖动，前置泵与主给水泵同用一台电动机拖动，如图 4-20（a）所示；前置泵与主给水泵分轴拖动，如图 4-20（b）所示。

在前置泵与主给水泵同轴连接方式中，常用增速齿轮箱提高给水泵转速，采用液力联轴器来调节给水泵转速。

中小容量的热电机组也有采用汽动给水泵的。中小容量的热电机组，其中的孤立电厂或首期热电工程，为了首次启动，一般安装一台启动锅炉和一台汽动给水泵；在电力供应紧缺的情况下，热电机组的锅炉容量有富余时，一般也设置汽动给水泵。热电机组中驱动给水泵的小汽轮机一般为背压式汽轮机，如图 4-21 所示。该小汽轮机的汽源有两种：一种是新蒸

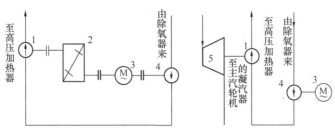

图 4-20　前置泵与主给水泵的连接方式

1—主给水泵；2—液力联轴器（或变速齿轮箱）；3—电动机；4—前置泵；5—小汽轮机

汽；另一种是在主汽轮机中做了部分功的抽汽。前者虽然不节能，但可以增加热电厂的上网电量，提高电厂的经济效益；后者实现了热能的梯级利用，节能效果好。在这种情况下小汽轮机的排汽方式有两种：一是进入给水除氧器，加热给水；二是进入供热系统作为供热蒸汽用。

（二）大容量机组小汽轮机的汽源及其切换

为适应低负荷运行的要求，小汽轮机除了具有正常运行的低压抽汽汽源外，还设有低负荷时使用的引自主蒸汽管道或高压缸排汽来的高压蒸汽汽源，因此存在着两种汽源的进汽切换问题。一般小汽轮机汽源的切换有两种方式：高压蒸汽外切换和新蒸汽内切换。高压蒸汽外切换由于存在热经济性不高、不能适应低负荷运行等缺点，现场应用不多，图 4-22 所示为应用较多的新蒸汽内切换系统。

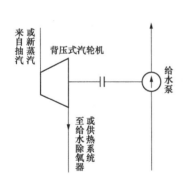

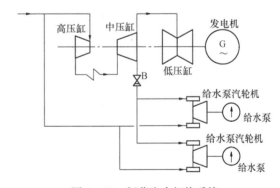

图 4-21　热电机组的给水泵及小汽轮机　　　图 4-22　新蒸汽内切换系统

所谓新蒸汽内切换就是用主蒸汽管道上的新蒸汽作为小汽轮机的高压内切换汽源，正常运行汽源为中压缸抽汽或排汽。当主汽轮机负荷低于切换点时，小汽轮机的供汽由主汽轮机的低压抽汽汽源切换到新蒸汽。小汽轮机设置了两个独立的蒸汽室，并各自配置有相应的主汽阀和调节汽阀，它们分别与高压汽源和低压汽源连接。

其切换过程是：机组正常运行时，小汽轮机由低压汽源供汽。当主汽轮机负荷降低到低压汽源不能满足小汽轮机用汽需要时，高压调节汽阀开启，将一部分高压蒸汽送入小汽轮机。此时，低压汽阀保持全开状态，高压和低压两种蒸汽分别进入各自的喷嘴组膨胀，在调节级做功后混合。随着主汽轮机负荷继续下降，高压蒸汽量不断加大，由于低压蒸汽压力随主汽轮机负荷的减小而不断下降，而调节级后蒸汽压力随新蒸汽流量的增加而提高，所以低压喷嘴组前后压差减小，低压蒸汽的进汽量逐渐减小。当低压喷嘴组前后的压力相等时，低压蒸汽不再进入小汽轮机，全部切换到高压汽源供汽，此时低压调节阀仍全开，装在低压蒸汽管道上的止回阀 B 自动关闭，以防止高压蒸汽通过低压汽源的抽汽管道倒流入主汽轮机。

这种切换方式的优点是：汽源切换过程中，汽轮机调节系统工作比较稳定，热冲击较小，高压蒸汽在汽阀中的节流损失也较小，改善了机组低负荷的热经济性。同时也可保证在主汽轮机负荷很低的工况下，甚至主汽轮机停运时，仍有汽源供给小汽轮机以驱动给水泵，且不增加电厂的额外投资，因此新蒸汽内切换方式得到了广泛应用。

四、600MW 超临界压力机组给水系统

如图 4 - 23 所示为 600MW 超临界压力机组单元制给水系统。

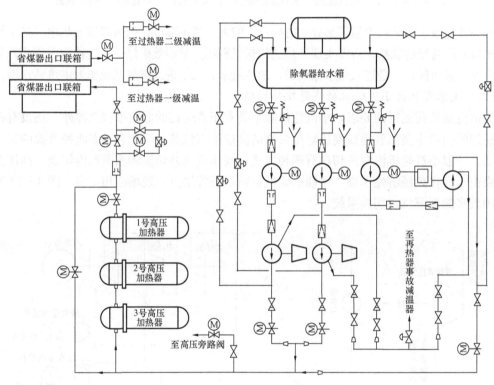

图 4 - 23　600MW 机组的主给水系统

1. 给水泵及前置泵管道

给水从除氧器给水箱下水口分三路进入三台前置泵。电动给水泵的前置泵与电动给水泵通过液力联轴器同轴连接，汽动给水泵的前置泵单独由电动机驱动。每台前置泵吸水管上各装设一只闸阀和一个粗滤网，滤网可分离因安装检修期间积聚在给水箱和给水管内的焊渣、铁屑，从而保护水泵。在前置泵吸水管上还装有泄压阀，防止给水泵低压侧管道超压。避免给水泵备用期间，给水前置泵进口阀门误关或给水泵检修做隔离措施，关闭给水前置泵进口阀门时，进水管可能由于备用给水泵止回阀的泄漏而超压。泄压阀出口接管进入一个敞开的漏斗，以便运行人员监视，若有泄漏，运行人员将从泄压阀出口发现。系统中设有两台50%容量的汽动给水泵，由两台容量为12MW的小汽轮机变速驱动，汽动泵单独运行时，能供给锅炉60%的额定给水量。电动给水泵的容量为30%，主要供机组启、停期间使用。在机组正常运行时，电动泵处于热备用状态，当汽动给水泵故障或汽轮机甩负荷时，电动泵可立即投入运行。

每台给水泵进口安装一套流量测量装置和一个细滤网，保护水泵的安全运行。其出口管上各装设一只止回阀和一只电动闸阀。

2. 给水泵最小流量再循环

三台给水泵出口均设置独立的再循环装置，其作用是保证给水泵有一定的工作流量，以免在机组启停和低负荷时发生汽蚀。最小流量再循环管道由给水泵出口管路上的止回阀前引出，并接至除氧器给水箱。

最小流量再循环装置由两只隔离阀和一只电动调节阀组成。给水泵启动时，阀门自动开启；随着给水泵流量的增加，阀门逐渐关小；流量达到允许值后，阀门全关。当给水泵流量小于允许值时自动开启。

3. 高压加热器水管路

三台给水泵出口管道在闸阀后合并成一根给水总管，通往 3 号高压加热器。给水系统设置三台全容量、卧式、双流程的高压加热器。加热器内分为三个加热区段：过热蒸汽冷却段、凝结段和疏水冷却段。

600MW 超临界压力机组的高压加热器系统配置了一套由三只电动闸阀组成的给水大旁路系统，当任何一台高压加热器发生故障时，关闭高压加热器组的进、出水阀，给水经旁路阀向锅炉省煤器直接供水。

4. 给水操作台

600MW 超临界压力机组的给水操作台仅有一路小流量旁路管道，管道上有两只闸阀和一只气动薄膜调节阀。在机组启停和低负荷（小于 15%）时供水，由电动旁路阀开度调节给水流量。在锅炉给水量大于 15% 时，切换至给水总管，给水流量由调速泵直接调节。给水总管上设置电动闸阀。

5. 减温水支管

给水泵中间抽头水供再热器减温用，抽汽引出管上各装一只止回阀和一只截止阀，以防止抽头水倒流，有利于给水泵检修。三台泵的抽头管道合并成一根总管至锅炉再热器。

在给水泵与高压加热器之间的给水总管上，接有去高压旁路减温水的管道。

600MW 超临界压力机组的过热器减温水由省煤器出口联箱接出，这样设计的优点是能够提高机组运行的经济性。此处的给水流经高压加热器组和省煤器，压力比给水泵出口低，但能够满足喷入过热器的压力要求。（有的 600MW 机组采用两路减温水水源：第一路水源为高压加热器入口给水母管，第二路为省煤器出口联箱。启、停机时为了更好地控制主蒸汽温度采用第一路水源，正常运行时采用第二路水源。）

五、C12-4.9/0.981 型供热机组给水系统

图 4-24 所示为热电厂两台 C12-4.9/0.981 型供热机组的给水系统。该机组的给水系统为母管制。系统中装设有四台给水泵，其中三台电动给水泵（容量为 85t/h），一台汽动给水泵（容量为 150t/h），给水流量可通过汽动给水泵进行粗调节。冬季采暖期，锅炉负荷（三台 75t/h 循环流化床锅炉）比较高，这时汽动给水泵和两台电动给水泵正常运行，另一台电动给水泵作为热备用（该泵出入口阀门、再循环阀门处于全开状态，根据运行情况随时启动）；夏季运行时，热负荷较低，这时汽动给水泵和一台电动给水泵正常运行，一台电动给水泵做热备用，另一台电动给水泵做冷备用。

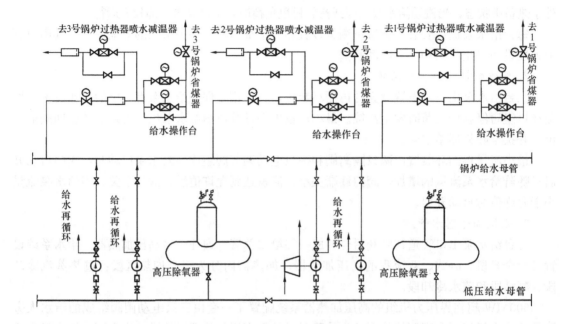

图 4-24 热电厂 C12-4.9/0.981 型供热机组的给水系统

其给水系统的流程如下：高压除氧器水箱的给水→低压给水母管→给水泵→锅炉给水母管→流量孔板（另分出一路去过热器喷水减温器做减温水用）→给水操作台→省煤器

▶ 能力训练 ◀

1. 在学习小组内，分别识读仿真机界面上或现场机组的给水系统图，并进行识绘练习。
2. 比较分析汽动给水泵与电动给水泵的优缺点。

任务五 除 氧 器 系 统

▶ 任务目标 ◀

掌握除氧器管道系统的作用；能熟练识读并列运行除氧器和单元运行除氧器管道系统。

▶ 知识准备 ◀

除氧器不仅具有加热给水和除氧的作用，同时还有汇集蒸汽和水流的作用，除氧器配有一定水容积的水箱，所以它还有补偿锅炉给水和汽轮机凝结水流量之间不平衡的作用。与除氧器相连接的管道与附件称为除氧器管道系统。为了保证在高温下运行的给水泵入口处不发生汽化，要求除氧器放置在较高的位置（一般在 14m 标高以上），放置除氧器的地方称为除氧层。

除氧器管道系统可分为并列运行除氧器管道系统和单元运行除氧器管道系统。

一、除氧器系统的连接

1. 并列运行除氧器系统

中参数发电厂一般都将相同参数的除氧器并列运行。高参数大容量机组因给水量大，为保证除氧器压力稳定有的也采用两台除氧器并列运行。

图 4 - 25 所示为两台并列运行的除氧器及给水箱系统。除氧器的加热蒸汽分别由各机组抽出引至除氧器底部,中间用抽汽母管相连以保持抽汽压力稳定。被加热的主凝结水和软化水引至除氧器上部,高压加热器的疏水温度较高,通常引至除氧器中部。除氧器给水箱的水位通过软化水进口水位调节器来调节。除氧器的压力由抽汽管进口压力调节阀来保持稳定。除氧器给水箱应有一根或两根下水管与给水泵低压给水母管相连。

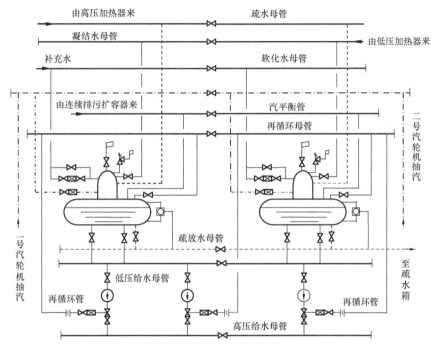

图 4 - 25 两台并列运行除氧器及给水箱管道系统

为使并列运行除氧器的工况一致,两台除氧器给水箱的汽空间和水空间分别设有汽、水平衡管。由连续排污扩容器来的扩容蒸汽送入汽平衡管。可以单独设立水平衡管,为简化系统,也可以用给水泵低压进水母管来代替。每台给水泵出口止回阀前接出的再循环管至再循环母管与除氧器给水箱相通。给水箱下部装有疏放水母管,在发生事故或停机检修时由放水管把水放入疏水箱,放水管应从水箱的最低点引出,以便能将水全部放完。为防止水箱充水过多,在水箱最高水位处装有溢水管,溢水管与放水母管相通。

为了使同一参数的除氧器运行工况一致,其除氧水箱的蒸汽空间和水空间都用平衡管相连接。水箱应有一根或两根下降水管和给水泵的进水母管相连接。

除氧器的加热系统中,除氧用蒸汽应接入除氧头的合适位置(下部或中部),被加热的凝结水和补充水应从除氧头顶部流进配水槽或喷嘴中。水箱装有水位调节阀以控制补充水进入除氧器的流量。

除氧水箱设有放水管的溢水装置,在发生事故或停机检修时,从除氧水箱中可把水从放水管放出。放水管应从水箱的最低点引出并引入疏水箱。

为防止除氧水箱内充水过多,当水位达到最高水位(溢水位)时,水箱内过多的储水进入溢水管排入疏水箱。

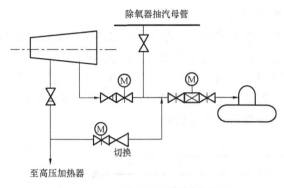

图 4 - 26 定压运行除氧器蒸汽系统

2. 定压运行除氧器系统

定压运行除氧器加热蒸汽系统如图 4 - 26 所示。为保证除氧器定压运行，加热蒸汽能自动切换到高一级压力的抽汽管道。机组低负荷运行时，来自除氧器压力调节系统的电信号把本级抽汽管道上的电动闸阀关闭，同时开启高一级抽汽管道上的电动闸阀，蒸汽经压力调节阀调节达到规定的压力后流入除氧器。

3. 滑压运行除氧器系统

大型火电机组滑压运行除氧器蒸汽系统如图 4 - 27 所示，其抽汽管道上不设置压力调节阀。机组启动时，除氧器用汽来自于本机组的辅助蒸汽联箱；低负荷或停机过程中，当除氧器压力低于一定值时，除氧器需转入定压运行，其用汽汽源自动切换至辅助蒸汽，来自于辅助蒸汽联箱的辅助蒸汽经压力调节阀调节达到规定的压力后流入除氧器；甩负荷时，辅助蒸汽自动投入，以维持除氧器内具有一定的压力；在停机情况下，向除氧器供应一定量的辅助蒸汽，使除氧器内储存的凝结水表面覆盖一层蒸汽，防止凝结水直接与大气相通，造成凝结水溶氧量增加。

流入辅助蒸汽联箱的供汽汽源一般有三种。启动锅炉或老厂供汽作为启动和低负荷时的汽源；高压缸排汽（再热冷段）作为机组启动、低负荷（30% MCR）及甩负荷时汽源；当负荷大于 80%MCR（额定负荷）时，其供汽汽源是汽轮机抽汽（一般是第四段抽汽）。

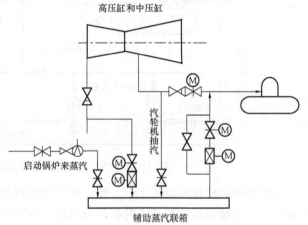

图 4 - 27 滑压运行除氧器蒸汽系统

滑压运行的除氧器系统，其机组一定是采用单元制运行方式。

二、600MW 超临界压力机组除氧器管道系统

图 4 - 28 所示为 600MW 超临界压力机组单元运行除氧器管道系统。

1. 与除氧器相连的汽水管道

（1）汽轮机第四级抽汽至除氧器，作为加热汽源 1；

（2）辅助蒸汽联箱来蒸汽作为低负荷及启动汽源 2；

（3）从凝结水系统来的凝结水经 5 号低压加热器进入除氧器 3；

（4）3 号高压加热器来的疏水进入除氧器 4；

（5）暖风器疏水进入除氧器，被回收利用 5；

（6）连续排污扩容器扩容蒸汽进入除氧器，被回收利用 6；

（7）除氧器顶部设排气门，放出给水中逸出的气体 7；

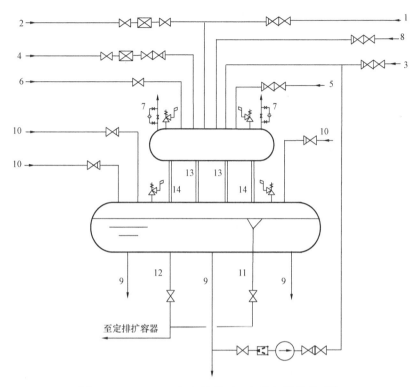

图 4-28　600MW 机组的单元运行除氧器管道系统

（8）高压加热器连续排气（含有蒸汽）回收利用于除氧器 8。

2. 与除氧器水箱相连接的汽水管道

（1）除氧器水箱下部分别引出三根至给水泵前置泵的给水管 9；

（2）给水泵最小流量再循环管分别从三台给水泵的出口引出，返回除氧器水箱顶部 10；

（3）溢水管 11 和放水管 12。

为了在机组启动前，使除氧器水箱中的化学除盐水能被均匀迅速地加热并除氧，缩短启动时间，除氧器配置一台启动循环泵。其进水管从前置泵的进口水管上引出，出水管接至主凝结水进除氧器的管道上。水泵进口装设有一只闸阀和一只滤网，出口装设一只止回阀和一只闸阀。机组正常运行时，除氧器再循环泵的进、出口闸阀全关。

启动除氧器时，先启动凝结水泵或补充水泵向除氧器补水至正常水位，打开除氧的排气阀，然后启动再循环泵并调节辅助蒸汽进汽阀门开度，将水加热至锅炉上水需要的温度，锅炉上水完成后将辅助蒸汽供汽调节投入自动，保持除氧器压力稳定。在加热期间，应注意控制除氧器的温升速度在规定的范围内，同时注意监视除氧器压力、水位和溶氧量。

除氧器在启动初期和低负荷下采用定压运行方式，由辅助蒸汽联箱来的蒸汽来维持除氧器定压运行。当第四级抽汽的蒸汽压力高于除氧器定压运行压力一定值时，第四级抽汽至除氧器的供汽电动阀自动打开，除氧器压力随第四级抽汽压力升高而升高，除氧器进入滑压运行阶段。机组正常运行时，当第四级抽汽压力降至无法维持除氧器的最低压力时，自动投入辅助蒸汽供汽，维持除氧器定压运行。

3 号高压加热器疏水管道上的调节阀后靠近除氧器处还安装有止回阀，以防止除氧器内的水汽倒流入 3 号高压加热器，造成振动。

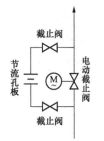

图 4 - 29　除氧器排气装置

除氧器下部设有两根下水管 13 和两根汽平衡管 14 与水箱相连。

除氧器排气装置安装在除氧器顶部两侧，用于排出从凝结水析出的氧气和其他不凝结气体。为了既要使气体能顺利排出又不使过多的蒸汽排走，因此要设置节流孔板。当机组正常运行后，排气经节流孔板排出，如图 4 - 29 所示。排气管道上装有可调电动截止阀，用于除氧器在启动时的排气。启动时全开电动截止阀，待机组正常运行后关闭，排气再由节流孔板排出。

▶ 能力训练 ◀

1. 在学习小组内，分别识读仿真机界面或现场机组的除氧器系统图，并进行识绘练习。

2. 分析比较定压运行除氧器与滑压运行除氧器蒸汽系统，它们主要有几点不同？

任务六　抽 真 空 系 统

▶ 任务目标 ◀

掌握抽气器和水环式真空泵的结构、工作原理及其对应抽真空系统连接方式，能熟练识读、识绘抽真空系统图。

▶ 知识准备 ◀

一、抽真空系统的作用和形式

在机组启动过程中，除氧器加热凝结水后，可能会有热水进入凝汽器，待到锅炉点火汽轮机进汽暖机时，将有更大量的蒸汽进入凝汽器。如果凝汽器内没有建立一定的真空，汽水进入凝汽器会使凝汽器形成正压，损坏设备，凝汽器建立真空是汽轮机冲转必不可少的条件。凝汽器及一些低压设备（如凝结水泵、疏水泵及部分低压加热器等）在正常运行时，内部处于真空状态，由于管道和壳体存在缝隙，空气就会漏入，从而破坏凝汽器真空，危及汽轮机的安全经济运行。同时，空气在凝汽器中的分压力增加，致使凝结水的溶氧量增加，加剧对热力设备及管道的腐蚀。空气的存在还增大凝汽器中的传热热阻，影响循环冷却水对汽轮机排汽的冷却，增加厂用电耗。因此，在凝汽器运行时，必须不断地抽出其中的空气。

抽真空系统的作用是：①在机组启动初期建立凝汽器真空；②在机组正常运行中保持凝汽器真空，确保机组的安全经济运行。

凝汽器的抽真空设备主要有抽气器和真空泵。由于抽气器系统简单、工作可靠，被广泛地应用于国产机组。

真空泵抽真空系统具有以下优点：

（1）运行经济。在启动工况下，低真空的抽吸能力远远大于射水抽气器在同样吸入压力的抽吸能力，大大缩短了机组的启动时间。在持续运行工况下，真空泵的单位耗功仅为射水抽气器的 23％～33％。

（2）汽水损失较小。

（3）泵组运行自动化程度高，操作安全、简便，噪声小，结构紧凑。

其缺点是一次性投资大，但由于其明显的优越性，真空泵的抽真空系统被普遍应用于引进型机组。

二、抽气器抽真空系统

（一）射水抽气器结构及工作原理

现代发电厂中，应用最为广泛的是喷射式抽气器，它具有布置紧凑、结构简单、维护方便、工作可靠以及能在短时间内建立所需真空等优点。喷射式抽气器根据工作介质不同可分成射汽式抽气器和射水式抽气器。这两种抽气器的原理基本相同，区别只是工作介质不同。射汽抽气器的工作介质是压力蒸汽，射水抽气器的工作介质是压力水。小容量机组多采用射汽式。对于高参数大容量机组，由于都采用滑参数启动方式，在机组启动之前不可能有足够的汽源供给射汽式抽气器，加之需采用由高压新蒸汽节流到 1.2～1.6MPa 压力的蒸汽供射汽抽气器，显然极不经济，并且为回收工质还要设置射汽冷却器，这使热力系统也很复杂。因此，目前我国大容量机组都采用射水抽气器。

图 4-30 所示为射水抽气器结构简图，它主要由工作水入口、工作喷嘴、混合室、扩压管和止回阀等组成。

由射水泵来的压力水，通过喷嘴将压力能转变成动能，以一定的速度从喷嘴喷出，在混合室中形成高度真空。凝汽器中的气汽混合物被吸入混合室与工作水混合，一起进入扩压管，在扩压管中将动能转变成压力能，在略高于大气压力的情况下随水流排出。

在混合室与凝汽器连通的接口处装有自动止回阀（借助止回阀前后的压力差关闭），其目的是当射水泵发生故障时，防止水和空气倒流入凝汽器。

（二）抽真空系统

图 4-31 所示为射水抽气器抽真空系统。它由射水抽气器、射水泵、射水箱及连接管道组成。

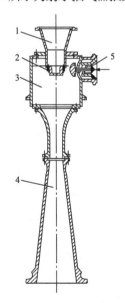

图 4-30 射水抽气器结构简图
1—工作水入口；2—喷嘴；3—混合室；
4—扩压管；5—止回阀

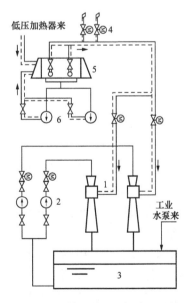

图 4-31 射水抽气器抽真空系统
1—射水抽气器；2—射水泵；3—射水箱；
4—真空破坏阀；5—凝汽器；6—凝结水泵

各台低压加热器的排气、凝结水泵及疏水泵的排气经排气管汇入凝汽器。凝汽器与射水抽气的工作室相连。由循环水或深水井来的射水箱的水，用射水泵（一台正常运行，一台备用）升压后，打入射水抽气器，抽气器中喷嘴射出的高速水流，在工作室内产生高真空以抽出凝汽器中的气汽混合物。这些气汽混合物经扩压后回到射水箱。

在凝汽器与射水抽气相连的抽气管道上设有真空破坏阀（该阀为电动闸阀），其作用有两个：一是在汽轮机启动过程中调节凝汽器的真空；二是在汽轮机事故紧急停机时，由运行人员在集控室手操打开，破坏凝汽器真空，以缩短汽轮机转子的惰走时间，加速停机过程，防止事故扩大。

射水抽气器的水循环方式有两种：一种为开式循环，由水源来水经离心式射水泵升压后进入抽气器，排水到出水渠；另一种为闭式循环，如图 4-31 所示，射水抽气器排水到射水箱，射水泵抽吸射水箱的水，升压后进入抽气器，如此循环。

有的机组轴封加热器微负压状态，是利用凝汽器抽真空系统射水抽气器扩压管上的射水抽气喷嘴实现的。

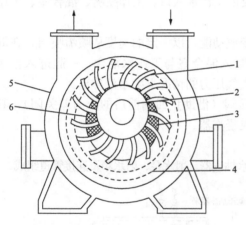

图 4-32　水环式真空泵工作原理
1—叶轮；2—轮毂；3—进气室；4—水环；
5—泵体；6—出气口

三、真空泵抽真空系统

（一）真空泵及其泵组

1. 真空泵的工作原理

真空泵的工作介质是水，但其工作原理与射水抽气器不同，它属于离心式机械泵，如图 4-32 所示。在圆筒形泵壳内偏心安装着叶轮转子，其叶片为前弯式（也有径向直板式）。当叶轮旋转时，工作水在离心力的作用下，形成沿泵壳旋流的水环，因此称为水环式真空泵。由于叶轮的偏心布置，水环相对于叶片做相对运动，使相邻两叶片与水环之间的空间容积呈周期性变化，就像液体"活塞"在叶栅中做径向往复运动，当叶片从右上方旋转到下方时，水环与叶片之间的容积逐渐变大，压力逐渐降低，从而形成真空，到最下部时真空最高，经轴向进气口将凝汽器中的气汽混合物抽吸出来。当叶片从最下方向左上方转动过程中，水环与叶片间的容积由大变小，压力不断升高，气汽混合物被压缩，通过排气口排出。随着叶轮的稳定转动，吸、排气过程连续不断地进行。

真空泵的工作水与被压缩的气体是一起排出的。因此水环需用新的冷水连续补充，以保持稳定的水环厚度和温度。水环除起液体"活塞"的作用外，还有冷却、密封等作用。

2. 真空泵组

图 4-33 所示为真空泵泵组的工作流程。真空泵组主要由水环式真空泵、气水分离器、冷却器及其连接管道、阀门和控制部件等组成。

从凝汽器来的气体，经过气动蝶阀后，沿泵抽气管进入水环式真空泵，泵排出的水和气体的混合物从泵的出口管到达气水分离器，分离后的气体经气体排放口排入大气，分离出的水与来自水位调节器的补充水（一般用凝结水）一起进入冷却器，冷却后的水分为两路：一路直接进入泵体作为工作水（水环）的补充水，使水环保持稳定而不超温；另一路经节流孔板喷入真空泵抽气管，使即将进入真空泵的气体中所携带的蒸汽冷却凝结下来，以提高真空泵的抽吸能力。冷却器的冷却水取自闭式或开式冷却水系统。分离器高水位溢水，以及真空泵和冷却器停用时的放水排入地沟。

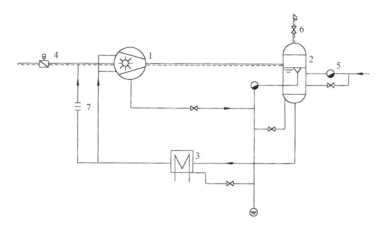

图 4-33　真空泵组系统

1—水环式真空泵；2—气水分离器；3—冷却器；4—进口蝶阀；5—浮子式疏水器；6—放气阀；7—节流孔板

（二）抽真空系统

图 4-34 所示为 600MW 机组真空泵抽真空系统。凝汽器为双压式，高压凝汽器的空气进入低压凝汽器的空冷区，从而减小了真空泵的负荷。在凝汽器两个分隔水室各有一个抽真空接口，引出凝汽器后合并成一根。为避免单边运行、单边检修或清洗时蒸汽从检修侧倒入真空泵，影响真空泵的正常工作，破坏凝汽器真空，在合并前的每根抽出管道上分别装设一只隔离阀。总管再分成支管分别接到真空泵组的进口，在每一泵组的进口还分别有一只手动闸阀，起隔离作用，以免开启备用泵之前空气由备用泵倒流入凝汽器。每一真空泵组容量为100%，该系统配三台真空泵，一般 300MW 机组配两台真空泵。

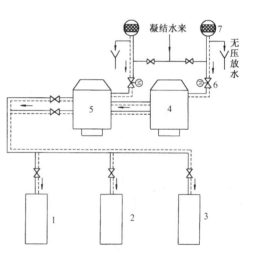

图 3-34　真空泵抽真空系统

1～3—真空泵组；4—高压凝汽器；5—低压凝汽器；6—水封式真空破坏阀；7—空气过滤器

该系统中，还设有较为完善的凝汽器真空破坏系统。它由真空破坏阀、空气过滤器和水封系统组成。真空破坏阀的作用如前所述。空气过滤器的作用是在破坏真空时，防止空气中携带杂质进入凝汽器，造成凝结水水质恶化。水封系统由补充水管、水封管、玻璃水位计、溢流管组成，其作用是防止机组正常运行时，由于真空破坏阀泄漏，空气进入凝汽器影响真空。凝结水从杂项用水母管进入水封管对真空破坏阀进行密封，通过接在水封管上的水位计可监视真空破坏阀的严密性。若水位不断下降，表示真空破坏阀已泄漏，必须向水封管不断补水，以防空气漏入凝汽器；若水位保持一定，说明真空破坏阀是严密的，可停止补水。多余的补水和外界经空气过滤器进来的雨水，经溢流管排入无压放水管。

> 能力训练 ◀

熟练识读、识绘仿真机界面或现场机组的真空泵抽真空系统图或射水抽气器抽真空系统图。

任务七　汽轮机轴封蒸汽系统

> 任务目标 ◀

掌握汽轮机轴封蒸汽系统的组成及作用，能熟练识读、识绘轴封蒸汽系统图。

> 知识准备 ◀

一、轴封蒸汽系统的作用

汽轮机在各种运行工况下，轴封蒸汽系统都应提供合乎要求的轴封和门杆密封用汽。轴封蒸汽系统的作用归纳如下：

（1）防止汽缸内蒸汽和门杆漏汽向外泄漏，污染汽轮机房环境和轴承润滑油油质。

（2）防止机组正常运行期间，高温蒸汽流过汽轮机大轴使其受热，从而引起轴承超温。

（3）防止空气漏入汽缸的真空部分。在机组启动及正常运行期间，保证凝汽器的抽真空效果及真空度。在汽轮机打闸停机及凝汽器需要维持真空的整个热态停机过程中，防止空气漏入汽轮机，加速汽轮机内部冷却，造成大轴弯曲。

（4）回收汽封和门杆漏汽，减少工质和能量损失。

二、轴封蒸汽系统的形成及组成

大型机组都采用具有自动调节装置的闭式轴封蒸汽系统，不同机组的轴封蒸汽系统各不相同，但其设计原理基本一致，按供汽的方式大致可分为外来汽源供汽方式及自密封供汽两种形式。目前我国中小型机组主要采用前者，后者常用于引进型 300MW 和 600MW 机组上。

（一）用外来汽源供汽的轴封蒸汽系统

图 4-35 所示为凝汽式供 C12/3.43/0.981 型机组上采用的外来汽源供汽的汽轮机轴封蒸汽系统，该轴封蒸汽系统由均压箱、轴封冷却器（即凝结水系统中的轴封加热器）、压力调节装置及其连接管道组成。

轴封供汽汽源在机组启动过程中由主蒸汽供给，正常运行时由第一级抽汽供应。轴封蒸汽由均压箱调温调压后作为汽轮机轴封供汽，减温水来自给水泵出口，压力由进汽阀和进入凝汽器汽测的溢流阀控制。

汽轮机高压侧的轴封漏汽回收至除氧器。汽轮机汽封外挡腔室以及自动主汽阀和调节汽阀的漏汽（汽气混合物）进入轴封冷却器，通过轴封冷却器中凝结水的冷凝及射汽抽气器作用，使其保持在 0.095MPa 左右的微负压状态下，以达到轴封和门杆漏汽不向外泄漏的目的。射汽抽气器抽出的汽气混合物通过射汽冷却器中凝结水冷凝成疏水，经 U 形水封管回收到凝汽器，空气则排大气。

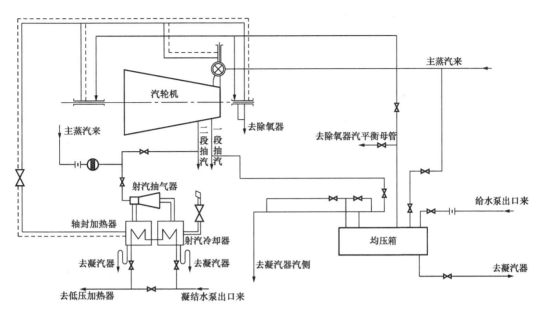

图 4-35 用外来汽源供汽的汽轮机轴封蒸汽系统

（二）自密封供汽式轴封蒸汽系统

图 4-36 所示为引进型 300MW 机组上采用的自密封轴封蒸汽系统。

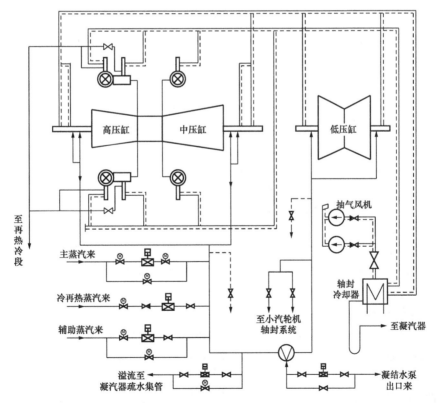

图 4-36 自密封轴封蒸汽系统

该轴封蒸汽系统的特点是高、中压缸轴封与低压缸轴封通过母管连接起来，在机组正常运行时，可实现两者之间的自身平衡蒸汽密封。

在汽封母管上设有三个汽源管道，即主蒸汽、辅助蒸汽和冷再热蒸汽。在机组启动初期，由辅助蒸汽向轴封供汽。当主蒸汽参数满足轴封供汽要求时，由主蒸汽向轴封供汽，当机组负荷为 10％～20％MCR 时，由冷再热蒸汽供汽。各汽源的供汽压力由设在各汽源管道上的气动调节阀控制。随着机组负荷的增加，当负荷大于 25％～30％MCR 时，高、中压缸的内挡漏汽压力满足低压缸汽封用汽要求时，由高、中压缸的内挡漏汽向低压缸供汽。供汽温度由减温器控制，供汽压力由溢流站控制，它将多余的蒸汽通过气动调节阀排入凝汽器，以保持低压缸供汽压力稳定。这时的各供汽汽源则处于热备用状态，以便随时启用。该类型的轴封蒸汽系统在机组启动或停机时由外来汽源供汽；在机组正常运行时，能实现自平衡密封供汽，消耗蒸汽量小，运行经济、安全可靠，被普遍应用于引进型 300、600MW 机组上。

> **能力训练** ◀

熟练识读、识绘仿真机界面或现场机组的轴封蒸汽系统图，结合汽轮机轴封及其蒸汽室，讲述密封过程。

任务八　辅助蒸汽系统

> **任务目标** ◀

掌握辅助蒸汽系统的组成及作用，能熟练识读、识绘 600MW 机组的辅助蒸汽系统图。

> **知识准备** ◀

单元制机组均需设置辅助蒸汽系统。辅助蒸汽系统的作用是保证机组安全可靠地启动和停机，在低负荷和异常工况下提供参数和流量都符合要求的蒸汽，同时向有关设备提供生产加热用汽。

辅助蒸汽系统主要包括：辅助蒸汽联箱、供汽汽源、用汽支管、减压减温装置、疏水装置及其连接管道和附件。辅助蒸汽联箱是该系统的核心部件。

图 4-37 所示为 600MW 机组的辅助蒸汽系统。

一、供汽汽源

辅助蒸汽系统一般有三路汽源，分别满足机组启动、低负荷、正常运行及厂区的用汽需要。这三路汽源是：其他机组或启动锅炉供汽、本级再热蒸汽冷段蒸汽、本机组第四级抽汽。

1. 启动锅炉或老厂供汽

对于新建电厂的第一台机组，要设置启动锅炉（一般为燃油锅炉），用锅炉生产的新蒸汽来满足机组的启停和厂区用汽。对于扩建电厂，可利用老厂锅炉的过热蒸汽作为启动和低负荷汽源。

供汽管道沿汽流方向安装气动薄膜调节阀和止回阀。为便于检修调节阀，在其前后均安装一只电动截止阀，在检修时切断来汽。第一只电动截止阀前设有疏水点，将暖管疏水排至无压放水母管。

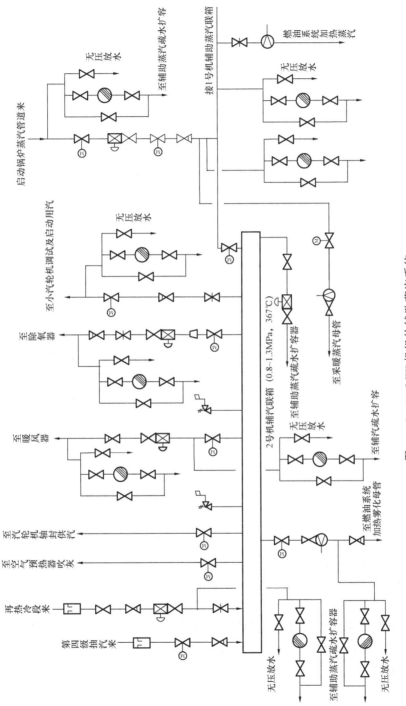

图 4 - 37　600MW 机组的辅助蒸汽系统

2. 再热蒸汽冷段

机组低负荷运行，随着负荷增加，当再热蒸汽冷段压力达到要求时，辅助蒸汽由启动锅炉切换至再热冷段供汽。

供汽管道沿汽流方向安装的阀门有：流量测量装置、电动截止阀、止回阀、气动薄膜调节阀和截止阀。止回阀的作用是防止辅助蒸汽倒流入汽轮机。调节阀后设置疏水点，将疏水疏放至辅助蒸汽疏水扩容器。

3. 汽轮机第四级抽汽

当机组负荷升高到 70%～85%MCR 时，第四级抽汽参数符合要求，可将辅助蒸汽汽源切换至第四级抽汽。机组正常运行时，辅助蒸汽系统也由第四级抽汽供汽。

采用第四级抽汽为辅助蒸汽系统供汽的原因是：在机组正常运行工况下，其压力变化范围与辅助蒸汽联箱的压力变化范围基本一致。在这级供汽支管上，一般设置流量测量装置、电动截止阀和止回阀，不设置调节阀。所以，在一定范围内，辅助蒸汽联箱的压力随机组负荷和第四级抽汽压力滑压运行，从而减少了节流损失，能提高机组的热经济性。

二、辅助蒸汽的用途

1. 向除氧器供汽

（1）机组启动时，为除氧器提供加热蒸汽。

（2）低负荷或停机过程中，第四级抽汽压力降至无法维持除氧器的最低压力时，自动切换至辅助蒸汽，以维持除氧器定压运行。

（3）甩负荷时，辅助蒸汽自动投入，以维持除氧器内具有一定压力。

（4）停机情况下，向除氧器供应一定量的辅助蒸汽，使除氧器内储存的凝结水表面形成一层蒸汽，防止凝结水直接与大气相通，造成凝结水溶氧量增加。

（5）机组负荷突升时，为除氧器水箱内的再沸腾管提供加热蒸汽，保证除氧效果。

2. 汽轮机轴封系统用汽

600MW 机组采用自密封平衡供汽的轴封系统，辅助蒸汽系统仅在机组启、停及低负荷工况下向汽轮机提供轴封用汽。

3. 小汽轮机的调试、启动用汽

机组启动之前，如果驱动给水泵的小汽轮机需要调试用汽，可由辅助蒸汽供给。供汽管道接在小汽轮机主汽门前。

4. 锅炉暖风器用汽

正常运行时，锅炉暖风器用汽由汽轮机的第五级抽汽供给。当机组启动和低负荷运行时，第五级抽汽压力不能满足用汽要求，由辅助蒸汽系统供汽。

5. 其他用汽

辅助蒸汽系统还提供空气预热器启动吹灰用汽、油区吹灰、燃油加热及燃油雾化、油库加热，空调及采暖用汽、全厂生活用汽和机组停运后露天设备的防护用汽。

三、系统的附件

1. 阀门

系统的各用汽支管上均安装电动截止阀。辅助蒸汽联箱至除氧器的管道上依此安装电动截止阀、气动薄膜调节阀、手动闸阀和止回阀。止回阀的作用是防止除氧器中的水倒流入辅助蒸汽联箱。辅助蒸汽联箱至小汽轮机的管道上安装有止回阀。辅助蒸汽联箱至暖风器的管道上安装气动薄膜调节阀和止回阀。

2. 减温装置

辅助蒸汽系统向锅炉燃油雾化和油区加热吹扫提供蒸汽时，先流经减温器，将温度降至250℃，以适应用汽要求。喷水减温器的水源来自主凝结水管道，由凝结水精处理装置后引出。

3. 安全阀

辅助蒸汽联箱上安装两只弹簧安全阀，作为超压保护装置，防止压力调节阀失灵时辅助蒸汽联箱超压。

四、系统的疏水

为防止辅助蒸汽系统在启动、正常运行及备用状态下，管道内积聚凝结水，在各供汽支管低位点和辅助蒸汽联箱底部均设有疏水点。疏水先进入辅助蒸汽疏水扩容器，利用压差自流入凝汽器。水质不合格时，排放到无压放水母管。

▶ **能力训练** ◀

熟练识读、识绘仿真机界面或现场机组的辅助蒸汽系统图，叙述其供汽汽源、辅助蒸汽的用途、系统的附件和系统的疏水。

任务九　发电厂疏放水系统

▶ **任务目标** ◀

掌握发电厂疏放水系统的组成、疏水的控制方式，能熟练识读现场机组的疏放水系统。

▶ **知识准备** ◀

一、发电厂疏放水系统的作用及组成

汽轮机组在各种运行工况下，当蒸汽经过汽轮机和管道时，都可能积聚凝结水。例如：机组启动暖管、暖机或蒸汽长时间处于停滞状态时，蒸汽被金属壁面冷却而形成的凝结水；正常运行时，蒸汽带水或减温喷水过量的积水等。当机组运行时，这些积水将与蒸汽一起流动，由于汽水密度和流速不同，就会对热力设备和管道造成热冲击和机械冲击。轻者引起设备和管道振动，重者使设备损坏及管道发生破裂。一旦积水进入汽轮机，将会造成叶片和围带损坏，推力轴承磨损，转子和隔板产生裂纹，转子永久性弯曲，汽缸变形及汽封损坏等严重事故。另外，停机后的积水还会引起设备和管道的腐蚀。为了保证机组的安全经济运行，必须及时把汽缸和管道内的积水疏放出去，同时回收凝结水，减少汽水损失，因此发电厂设置了疏放水系统。

在机组启动过程中排出暖管、暖机的凝结水称为启动疏水，机组正常运行时的疏水称为经常疏水，疏放机组长时间停用时积存的凝结水称为自由疏水或放水。

中小容量机组常采用母管制蒸汽管道系统，长期热备用管道和设备较多，经常疏水较为突出，因此一般设置全厂性的疏放水管道系统进行统一回收和利用。现代大容量机组，因为采用单元制蒸汽管道系统，长期热备用管道和设备较少，管道的保温性能好，机组采用滑参数运行方式，经常疏水量少，只是因管径大、管壁厚，启动疏水量大，所以单元机组一般设置汽轮机本体疏水系统即可满足汽轮机组对疏水的要求。

全厂性的疏水管道系统可分为锅炉和汽轮机本体及其汽水管道的疏放水系统，汽轮机本体疏水主要包括：主蒸汽管道的疏水，再热蒸汽冷、热段管道的疏水，高、低压旁路管道疏水，抽汽管道疏水，高、中压缸主汽门和调节汽门的疏水，高、中压缸缸体疏水，汽轮机轴封疏水等。上述疏水管道、阀门和疏水扩容器等组成了汽轮机的本体疏水系统。

二、汽轮机本体疏水系统

1. 疏水点的设置

疏水点一般设在容易积聚凝结水的部位极有可能使蒸汽带水的地方，如蒸汽管道的低位点，汽缸的下部，阀门前、后可能积水处，喷水减温器之后，备用汽源管道死段等。这些部位设置疏水点能够将疏水全部疏出，保证机组安全。

2. 疏水装置及控制

疏水的控制是通过疏水装置实现的。疏水装置包括手动截止阀、电动调节阀、气动调节阀、节流孔板、节流栓和疏水罐等。大型机组多采用电动疏水阀或气动疏水阀作为疏水控制的主要机构。电动阀可以自动开关，也可以在集控室由运行人员手操控制。气动疏水阀一般为气关式，由电磁阀控制，当电源、气源和信号中断时，阀门向安全的方向（开启方向）动作，以确保疏水的畅通，可根据机组的运行情况由程序控制自动开启，也可在集控室手操控制。手动截止阀、节流孔板、节流栓和疏水罐，一般与以上两种疏水阀配合使用组成不同的疏水控制方式。由于各处对疏水的要求不同，疏水的控制方式也不尽相同。

一只手动截止阀一般用于 PN≤2.452MPa 的疏水管道，截止阀全开全关，不调节疏水流量，以防止误操作，确保疏水畅通；在 PN≥3.923MPa 的疏水管道上，用一只截止阀串联一只电动调节阀，进行疏水控制。

压力较高的疏水采用几根疏水管先汇集到节流孔板组件，减压后由一根管引出，通过一个气动调节阀控制疏水，如图 4-38（a）所示。这种疏水方式常见于引进型 300、600MW 机组的高压调节汽门导汽管的疏水。

在最易引起汽轮机进水或疏水量大的疏水点，采用图 4-38（b）所示的疏水罐疏水方式，疏水罐是直径 DN＞150mm、长度以能接外视水位计为限的疏水短管，其上设有高水位开关和高高水位开关。当疏水水位达高水位时，高水位开关通过电磁阀全开气动疏水调节阀，并向集控室发出高水位报警和疏水阀开启信号。当水位达高高水位时，向集控室发出高高水位报警信号。当机组负荷小于 10%MCR 或汽轮机跳闸时，疏水阀自动打开。这种疏水方式疏水量大且疏水控制的自动化水平高，一般用于大型机组的高压缸排汽止回阀前、后，再热热段蒸汽管道中压联合汽门前，高压旁路阀后，低压旁路阀前、后，减温器后以及小汽轮机高压汽源管道等处。

对于处于热备用状态的管道，需要经常有少量的疏水流动进行暖管，确保备用管道随时启动。采用带有旁路的疏水节流栓的疏水方式，可使疏水节流降压，控制疏水量。当需要增大疏水量时，旁路阀同时开启，如图 4-38（c）所示。这种疏水方式多用于大型机组高压旁路阀进口蒸汽管道上疏水及小汽轮机高压备用汽源管道上的疏水。

3. 疏水管道布置

疏水管道的布置以及疏水管道和疏水阀内径的确定，应考虑在各种不同的运行方式下都能排出最大疏水量，且在任何情况下管道和阀门内径均不应小于 20mm，以免被污物阻塞。

疏水管道的布置原则如下所述。

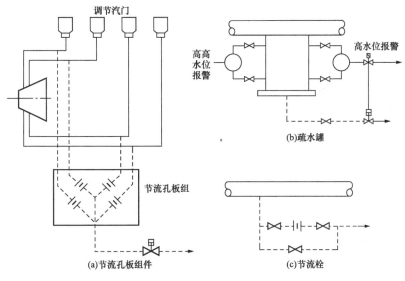

图 4 - 38　不同的疏水控制方式

（1）疏水管道都应有顺气流方向向终端的坡度。对依靠重力疏水或疏水压力差较小的疏水管道，其坡度越大越好。疏水管道上不应有低位点或比本体疏水扩容器接口标高还要低的管段。如为满足管道的热补偿要求，疏水管道上需要设置补偿管段，则补偿段应位于在水平方向或垂直方向有坡度的平面内。

（2）每根疏水管道应单独引至本体疏水扩容器。同一管道不同标高或同一管道压力相差较大处接出的两根或数根疏水管道不应合并再通向本体疏水扩容器，否则较高位或较高压力的疏水会阻滞较低位或较低压力的疏水。不同标高和不同压力的管道和设备接出的疏水管道不可合并后再引向疏水扩容器。

（3）为减少本体疏水扩容器的开孔，扩容器上装有几根进水联箱，其内横截面积要足够大（不能小于接入该联箱的所有疏水管内横截面积之和的 10 倍），使所有疏水管道同时开启的情况下，联箱内部的压力都能低于接入该联箱压力最低疏水点的压力，并且要求进水联箱的标高必须高于凝汽器热井的最高水位和扩容器的运行水位，以防止凝汽器或扩容器中的水通过进水联箱、疏水管倒流入汽轮机。

（4）工作压力相近（同一压力等级）的疏水管才能接到同一进水联箱，并按压力从高到低的顺序排列（沿联箱的水流方向），否则，压力高的疏水就可能从压力低的疏水管返至汽轮机，造成汽轮机进水事故。例如：某机组在运行中，由于锅炉汽温升高到 570℃，汽轮机停机。锅炉通过旁路系统排汽到凝汽器。停机后半小时，盘车跳闸且启动不起来。检查发现，高压缸上下壁温差达 260℃，中压缸上下壁温差达 180℃，说明汽缸已进水。此时，凝汽器水位升高达 1.65m（正常水位 0.8m），与凝汽器相连的疏水扩容器水位也同时升高，因为中压缸联合汽门的疏水阀已经打开，并有 1.5MPa 的压力，在该压力的作用下，扩容器内的水经汽缸疏水管冲入汽缸内，使汽缸变形，大轴与汽缸碰磨，引起转子弯曲，盘车跳闸。

（5）自动疏水阀不允许另设隔离阀与之串联，以免误操作使疏水系统失效。所有疏水阀后的疏水管径应比阀前管道大 1～2 级，并且要求疏水阀应尽量集中布置靠近联箱接口处，可防止阀后管道因疏水汽化造成流动阻塞，且便于操作和维修。

（6）疏水一般按压力的高低排入与之对应的汽轮机本体疏水扩容器。疏水扩容器上装有减温喷水管，各路疏水经疏水联箱扩容后，再到扩容器继续扩容并减温，使得流出疏水扩容器的汽水接近凝汽器的参数。扩容后的蒸汽从扩容器顶部出汽管进入凝汽器喉部，而凝结水通过底部 U 形水封管进入凝汽器热井，从而回收工质。

三、发电厂疏放水系统举例

图 4-39 所示为 300MW 机组的汽轮机本体疏水系统。该系统设有高、中、低三个汽轮机本体疏水扩容器。扩容后蒸汽进入凝汽器喉部，水引入凝汽器热井。

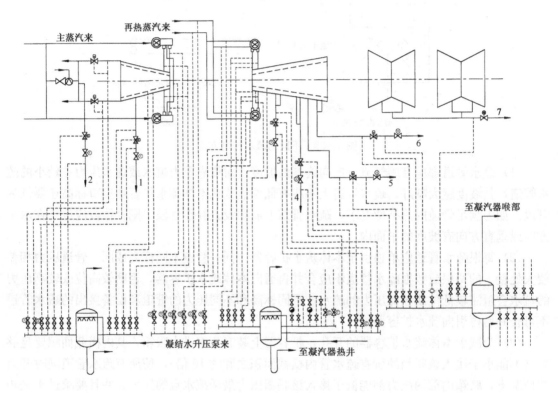

图 4-39　300MW 机组汽轮机本体疏水系统
1～7—各级抽汽管道

高压疏水扩容器两侧装设两个进水联箱供以下疏水进入：汽轮机高压汽缸和夹层疏水，第一、二段抽汽管道疏水，高压缸排汽止回阀前再热冷段管道疏水，主汽门后主蒸汽联通管及调节门后导汽管疏水。

中压疏水扩容器两侧共有四个进水联箱接受下面疏水：中压汽缸进汽室下部、外缸下部和汽缸夹层的疏水；联合汽门前再热热段蒸汽管道疏水；联合汽门后导汽管疏水；第三、四级抽汽管道的疏水（其中包括抽汽至辅助蒸汽联箱管道疏水、小汽轮机低压汽源蒸汽管道疏水等）。

低压疏水扩容器两侧共有四个进水联箱，分别接受下列各处疏水：汽轮机低压缸汽缸夹层及法兰螺栓加热集汽联箱疏水，主汽门、调节汽门等门杆高压腔室漏汽至除氧器的蒸汽母管疏水；第五～七段抽汽管道疏水；汽轮机高、中、低压缸轴封漏汽管道疏水；主汽门、调节汽门、抽汽止回阀等门杆漏汽至轴封加热器的蒸汽管道疏水；高、低压轴封均压箱疏水；高、中、低压缸轴封供汽管道疏水等。

　　引进型 300MW 机组的汽轮机本体疏水系统不设汽轮机本体疏水扩容器，疏水分别引入疏水集管，疏水集管与凝汽器壳体上的疏水扩容装置连接。疏水经疏水管、疏水集管、凝汽器的疏水扩容装置降压降温后进入凝汽器，系统比较简单。

> **能力训练** ◄

　　熟练识读仿真机界面或现场机组的发电厂疏放水系统，讲述疏水点的设置及疏水管道布置原则。

任务十　回热加热器的疏水与放气系统

> **任务目标** ◄

　　掌握回热加热器疏水与放气系统的作用，能熟练识读机组的疏水与放气系统。

> **知识准备** ◄

一、回热加热器的疏水系统

　　图 4-40 所示为国产 300MW 机组回热加热器的疏水与放气系统。

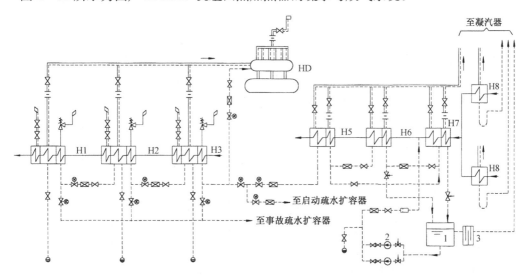

图 4-40　国产 300MW 机组回热加热器的疏水与放气系统
1—疏水箱；2—疏水泵；3—多级水封管

　　回热加热器疏水系统的作用：①回收加热器内抽汽的凝结水即疏水；②保持加热器中水位在正常范围内，防止汽轮机进水。

　　1. 高压加热器疏水

　　（1）正常疏水。正常运行时，各高压加热器疏水经疏水调节阀逐级自流入除氧器。

　　（2）启动疏水。在机组启动初期，高压加热器疏水通过各台高压加热器的启动疏水支管直接排至地沟。待水质合格后，逐级用疏水调节阀排至高压加热器 H3，然后用疏水调节阀将汇集疏水排至启动疏水扩容器。低负荷时，疏水自流压差不够，各级高压加热器的疏水可逐级汇集到高压加热器 H3，在低压加热器疏水泵通流量允许的情况下，经疏水调节阀到低压加热器 H5；否则，经启动疏水扩容器后进入凝汽器。

（3）事故疏水。当高压加热器发生管系破裂或因疏水装置失灵出现高水位时，迅速打开事故疏水阀，疏水通过每台高压加热器一路具有较大通流能力的管道经电动截止阀至事故疏水母管，经事故疏水扩容器后排入凝汽器。

2. 低压加热器疏水

（1）正常疏水。正常运行时，各低压加热器的疏水用疏水调节阀逐级自流入低压加热器 H7。H7 的疏水，通过水封式疏水调节装置排入疏水系统的专用水箱。疏水箱的疏水，用疏水泵，经疏水调节阀、流量孔板，打入 H7 出口的主凝结水管道。低压加热器 H8 的疏水，经 U 形水封管直接排入凝汽器。设置疏水箱的目的是维持疏水泵入口一定的静水压头，防止水泵汽蚀，有利于疏水泵的正常稳定运行。

（2）启动疏水和事故疏水。各低压加热器的启动疏水管道兼作事故疏水管道。低压加热器 H5 的疏水绕过低压加热器 H6 至低压加热器 H7，H6 和 H7 疏水直接排至疏水箱。当疏水泵事故时，疏水可经多级 U 形水封管排入凝汽器。

二、回热加热器的放气系统

为了减小回热加热器的传热热阻，增强传热效果，防止气体对热力设备的腐蚀，在所有加热器的汽侧和水侧均设置排气装置及其排气管系统，以排除加热器内的不凝结气体。

每台加热器的汽侧设有启动排气和连续排气装置。启动排气用于机组启动和水压试验时迅速排气，连续排气用于正常运行时连续排除加热器内不凝结气体。

高压加热器启动排气通过两只隔离阀排入大气。低压加热器因在启动时其汽侧处于真空状态，所以低压加热启动排气经一只隔离阀排入放气母管后进入凝汽器。

高压加热器连续排气管分别从各加热器引出，经一只节流孔板和一只隔离阀进入放气母管后，接入除氧器。低压加热器 H5、H6、H7 的连续排气也是通过一只节流孔板和一只隔离阀进入母管，再接入凝汽器的。节流孔板用于限制排气量，防止排气量过大时气体带蒸汽进入除氧器或凝汽器，使热经济性下降。当需更换节流孔板时，启动排气管用于连续排气。低压加热器 H8 的排气直接进入凝汽器。

除氧器的各放气管汇成一根母管，然后排入大气，不分启动和连续放气。

因每台加热器的工作压力不同，为了避免相邻两台加热器放气系统构成循环回路，影响压力较低的加热器排气，设计安装时应采取以下措施：①压力较低的加热器排气至母管的接口应在压力较高的加热器排气接口的下游；②排气母管的管径要足够大。

在汽侧压力大于大气压力的加热器和除氧器上，均设安全阀，作为超压保护。

所有加热器水侧备有手操向空排气阀，以便加热器充水时排去水室中空气。

加热器充氮和湿保护管接在启动放气管上，以便在机组长期停用时，充以氮气或化学处理水，用于加热器的防腐保护。

引进型 300MW 机组回热加热器的疏水系统较简单（图略）。疏水系统不设疏水泵，全部采用疏水逐级自流方式，即高压加热器疏水逐级自流入除氧器，低压加热器疏水逐级自流入凝汽器。高压加热器启动和事故疏水，均经高压加热器的事故疏水扩容器进入凝汽器；低压加热器启动及事故疏水分别通过各自的疏水管道直接排至凝汽器。放气系统与上述情况基本相同。

600MW 机组疏水与放气系统如图 4-41 所示。正常疏水全部通过气动角式疏水阀采用

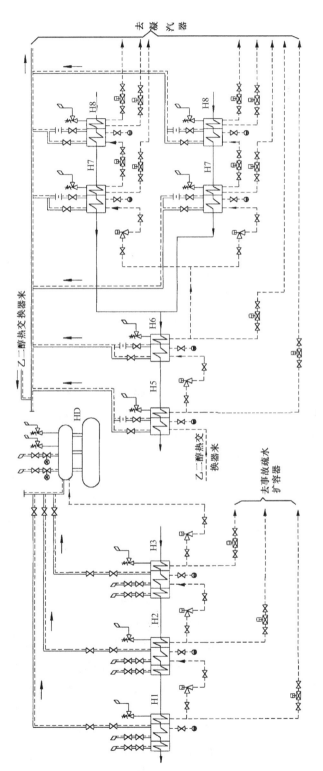

图 4 - 41 600MW 机组疏水与放气系统

逐级自流方式。高压加热器 H1 的启动和事故疏水通过气动疏水阀进入事故疏水扩容器，高压加热器 H2、H3 的启动疏水和事故疏水进入同一台事故疏水扩容器。低压加热器的事故疏水各自通过疏水集管进入凝汽器。各高压加热器的连续放气经针形调节阀、隔离阀汇集到一根母管后进入除氧器，启动放气通过两只排气管排入大气。各低压加热器的启动放气和连续放气汇入母管后去凝汽器。

> **能力训练** <

熟练识读仿真机界面或现场机组回热加热器的疏水与放气系统。

任务十一 锅炉排污与发电厂的补充水

> **任务目标** <

掌握锅炉排污的目的及排污的形式；掌握锅炉排污率的概念；掌握锅炉的连续排污利用系统及其作用；了解补充水的处理方法和补充水的补入地点；能熟练识读 600MW 机组的补充水系统。

> **知识准备** <

一、锅炉排污的目的及排污的形式

为保证锅炉的炉水品质，在汽包锅炉的炉水中要加入某些化学药品，使随给水进入锅炉的结垢物质生成水渣或呈溶解状态，或生成悬浮细粒呈分散状态。这些杂质留在炉水中，随着运行时间的增长，炉水中含盐量超过允许值，这不仅使蒸汽带盐，影响蒸汽品质，还可能造成炉管堵塞，影响锅炉的安全运行。

为获得清洁蒸汽，在汽包锅炉运行中，把一部分含盐浓度较大的炉水、悬浮物和水渣通过排污排出，同时补入等量洁净的水，使炉水中的含盐量在一定的范围内。锅炉排污分为连续排污和定期排污。连续排污是从汽包中含盐量较大的部位连续排放炉水，由于连续排污量大，对连续排污一般要求回收工质和热量。定期排污是从炉水循环的最低部（水冷壁下联箱）排放炉水，一般在低负荷时进行，排污时间为 0.5～1min，排污量为锅炉额定蒸发量的 0.1%～0.5%，定期排污能迅速地降低炉水的含盐量。锅炉汽包的紧急放水、定期排污水、锅炉检修或水压试验后的放水、锅炉点火升压过程中对水循环系统进行冲洗的放水、过热器和再热器的下联箱及出口集汽箱的疏水等均进入锅炉定期排污扩容器后，排入排污冷却井或地沟。锅炉的定期排污系统主要是为安全性而设置的，排污量较少，因此一般不考虑工质的回收，如图 4-42 所示。汽包锅炉均设置一套完善的连续排污利用系统和定期排污系统。

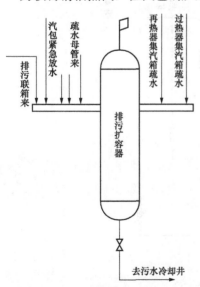

图 4-42 定期排污系统

二、连续排污利用系统

1. 锅炉的排污率

锅炉在运行过程中，需要连续不停地排污，才能保证管道和设备的安全运行。连续排污水量的大小用排污率表示。锅炉的连续排污水量与锅炉额定蒸发量比值的百分数称为锅炉的排污率，即

$$\beta_{bl} = \frac{D_{bl}}{D_b} \times 100\%$$

式中　β_{bl}——锅炉的排污率，%；

D_{bl}——锅炉的排污量，kg/h；

D_b——锅炉的额定蒸发量，kg/h。

锅炉的排污量过大，会使电厂工质损失增大，热经济性下降；过小又使炉水含盐量增大。因此，根据 DL/T 5068—2006《火力发电厂化学设计技术规程》的规定：汽包炉的排污率不得低于 0.3%；以化学除盐水和蒸馏水为补充水的凝汽式电厂不得超过 1%；以化学除盐水或蒸馏水为补充水的热电厂不得超过 2%；以化学软化水为补充水的热电厂不得超过 5%。

2. 连续排污利用系统

锅炉连续排污不仅造成工质损失，而且还伴有热量损失。锅炉的连续排污损失几乎占全厂汽水损失的一半，并且随着机组容量的不断增加，排污水量越来越大。为了回收这部分工质，利用其热量，发电厂设置了连续排污利用系统。锅炉的连续排污利用系统一般由排污扩容器、排污水冷却器及其连接管道和阀门组成。

在高压发电厂中，为提高排污利用系统的回收效果，常采用依次串联的两级排污利用系统，如图 4-43 所示；在超高参数以上的发电厂中，为简化系统，常采用单级排污利用系统，如图 4-44 所示。

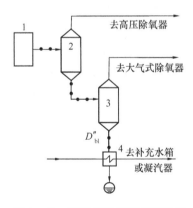

图 4-43　两级串联排污利用系统

1—锅炉；2—Ⅰ级连续排污扩容器；3—Ⅱ级连续排污扩容器；4—排污水冷却器

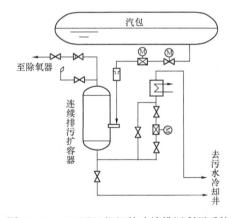

图 4-44　300MW 机组的连续排污利用系统

锅炉的连续排污水流出汽包后进入排污扩容器，在扩容器压力下一部分水汽化成为蒸汽（扩容蒸汽），因蒸汽含盐量少，所以可以进入热力系统。一般是送入与扩容器压力相适应的除氧器中，从而回收一部分工质和热量。两级串联排污利用系统中，第一级排污扩容器产生的扩容蒸汽进入高压除氧器，第二级排污扩容器产生的扩容蒸汽进入大气式除氧或与之压

力、温度最接近的回热加热器中。单级排污利用系统中，回收蒸汽一般进入除氧器。扩容器内未汽化的排污水含盐量很大，已不能回收利用，但其温度仍在 100℃ 以上，为充分利用这部分热量，减少对环境的热污染，流出排污扩容器的排污水流经排污冷却器，加热化学补充水，当排污水温度降至许可的 50℃ 以下时，再排入地沟。

图 4-44 所示为 300MW 机组汽包炉的连续排污利用系统。在从汽包底部接出的连续排污水管道上装设电动隔离阀、调节阀各一只，调节阀信号来自汽包内炉水硅酸根含量，自动控制连续排污量，以维持炉水硅酸根含量在允许值以内。另外，在该管道上还装设有一套流量测量装置，以便于监视排污水流量和调节阀工作情况。

扩容器上部蒸汽出口管上设置一只关断闸阀和止回阀，供检修关断和防止蒸汽倒流；下部排水管上装设一只气动水位调节阀，就地自动调节扩容器的水位；调节阀前后装设关断阀和旁路阀，便于调节故障检修。从连续排污扩容器流出来的排污水排入废水处理系统。

三、发电厂的汽水损失及补充

(一)发电厂的汽水损失

发电厂存在的汽水损失直接影响着发电厂的安全、经济运行。发电厂的汽水损失，根据损失的部位分为内部损失和外部损失，一般我们把发电厂内部设备本身和系统造成的汽水损失称为内部损失。发电厂对外供热设备和系统造成的汽水损失称为外部损失。

发电厂内部损失的大小，标志着电厂热力设备质量的好坏，运行、检修技术水平及完善程度。其数值的大小与自用蒸汽量、管道和设备的连接方法以及所采用的疏水收集和废气利用系统有关。发电厂要做好机、炉等热力设备的疏水、排污及启、停时的排汽和放水的回收。正常汽、水损失率应达到以下标准：200MW 及以上机组不大于锅炉额定蒸发量的 1.5%；200MW 以下至 100MW 机组不大于机组锅炉额定蒸发量的 2.0%；100MW 以下机组不大于锅炉额定蒸发量的 3.0%。

外部损失的大小与热用户的工艺过程有关。它的数量取决于蒸汽凝结水是否可以返回电厂，以及使用汽、水的热用户对汽、水的污染情况，其数值变化较大。

发电厂的汽水损失，不仅损失了工质，还伴随着热量损失，使燃料消耗量增加，降低了发电厂的热经济性。例如：新蒸汽损失 1%，则电厂热效率要降低 1%。为了补充汽水损失，就要增加水处理设备，增大了电厂投资，增大电能成本，因此在发电厂的设计和运行中应尽量采取措施，减少汽水损失。

发电厂的汽水损失，采用一些措施以后是可以减少的，但不能完全避免，因此就需要补充这部分汽水损失。补充水量的大小可由下式计算：

$$D_{ma} = D_{ns} + D_{ws} + D''_{bl} \quad \text{kg/h}$$

式中 D_{ns}——发电厂内部汽水损失量，kg/h；

D_{ws}——发电厂外部汽水损失量，kg/h；

D''_{bl}——锅炉排污水损失量，kg/h。

(二)发电厂的补充水

发电厂即使采取了一些降低汽水损失的措施，但仍然不可避免地存在着一定数量的汽水损失。为补充发电厂工质的这些损失而加入热力系统的水称为补充水。为保证发电厂蒸汽的品质，保证热力设备的安全经济运行，补充水必须经过严格处理。

在确定化学补充水与发电厂热力系统的连接方式时，应考虑几个要求：化学补充水要除氧；其水量应随工质损失的大小而调节；在与系统主凝结水混合时，应尽可能使其引起的传热过程的不可逆热损失（温差）为最小。所以，一般中参数发电厂将化学补充水送入大气式除氧器，高参数发电厂的化学补充水一般引入凝汽器。热电厂外部汽水损失往往比较大，要求有较多的补充水补入热力系统，因此，补充水一般补入补充水除氧器（大气式除氧器）除氧后再流入回热系统的高压除氧器；凝汽式发电厂的汽水损失相对比较少，凝汽式机组凝汽设备的真空较高，补充水一般是补入凝汽器（在凝汽器可进行真空除氧）而后进入回热系统。所有补充水进入除氧器或凝汽器前均设置水位控制器，以调节补充水的数量。

图 4 - 45 所示为 600MW 机组的补充水系统。600MW 超临界压力机组一般设置一台 300m³ 的凝结水补充水箱，为系统提供启动补充水和运行补水，并在调节凝汽器及除氧器水位时起调节容器作用。补充水箱的水源为来自化学水处理车间的除盐水，其水位由进水管上的调节装置控制。

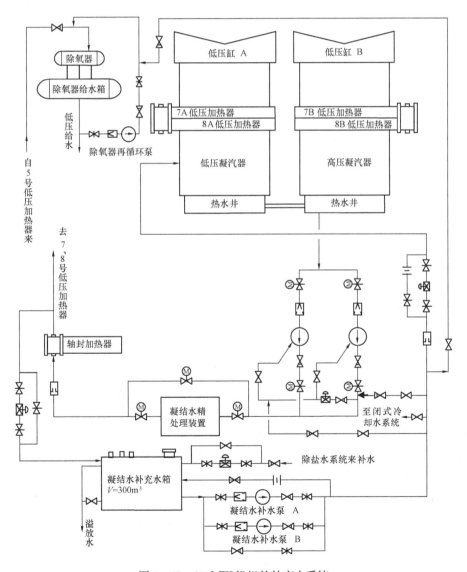

图 4 - 45　600MW 机组的补充水系统

补充水箱出口连接两台凝结水补水泵 A、B，用于在机组启动时向凝结水系统上水。泵入口设有隔离阀和滤网，出口设有一只止回阀和一只电动闸阀。闸阀出口管道上接出最小流量再循环管道，返回补水箱。

与补充水泵及其管道并联的是机组正常运行时的补充水管道，管道上设置一只闸阀和一只止回阀。机组正常运行期间，停运凝结水补水泵，通过这根管道，依靠补充水箱与凝汽器真空间的压差向凝汽器补水。在进入凝汽器前的补水管道上设有流量测量喷嘴和用以维持热井水位的水位调节装置。

轴封加热器后的主凝结水出口管道上设置凝汽器高水位溢流调节装置。当凝汽器热井出现高水位时，凝结水可返回到补充水箱。

流量测量装置前的补水管道上接出一根管道通往除氧器，可直接为除氧器上水。管道在靠近除氧器侧设置一只止回阀，防止除氧器内蒸汽倒流入凝结水系统造成管系振动。

凝结水补水泵除了用来将补水箱内的除盐水输送到凝汽器热井外，还向下列系统或设备注水：凝结水系统启动前注水；凝结水泵启动密封水；闭式冷却水系统上水。

❯ 能力训练 ❰

1. 讨论：电厂锅炉如果不设置排污系统（定期排污、连续排污）会产生哪些危害？
2. 熟练识读仿真机界面或现场机组补充水系统，讨论比较：机组的补充水补入凝汽器与补入除氧器分别对机组产生什么影响？

任务十二　发电厂供热系统

❯ 任务目标 ❰

了解热负荷的类型；掌握热电厂向热用户供应蒸汽的方式；熟悉供热载热质的种类及特点；掌握热网加热器系统；熟悉供热调节的概念；掌握减压减温器的工作原理及其应用；了解用循环水做载热质的供热系统。

❯ 知识准备 ❰

一、热负荷的类型

集中供热系统的热负荷包括采暖、通风、生活用热水供应和生产工艺等热负荷。居民住宅、公共建筑的采暖、通风和生活用热水供应热负荷属于民用热负荷。生产工艺、厂房的采暖、通风和厂区的生活用热水供应热负荷属于工业热负荷。

按照热负荷的性质，可以分为季节性热负荷和常年性热负荷。采暖、通风热负荷是季节性热负荷，与室外空气温度、湿度、风速、风向、太阳辐射等气象条件有关。生产工艺、生活用热水供应热负荷为常年性热负荷。生产工艺热负荷主要与生产的性质、工艺过程、规模和用热设备的情况有关。生活用热水供应热负荷主要由使用热水的人数、卫生设备的完善程度和人们的生活习惯来决定。

生产工艺热负荷是为了满足生产过程中加热、烘干、蒸煮、清洗、溶化等的用热，或作为动力用于拖动机械设备的用热。按照生产工艺对温度的要求，生产工艺热负荷的用热参数大致可分为三类：供热温度在 130～150℃ 以下的，称为低温供热，一般要供给 0.4～0.6MPa 的饱和温度；供热温度在 150～250℃ 之间的，称为中温供热，这种供热的热源往往是中、小型锅炉或电厂汽轮机的 0.8～1.3MPa 的调整抽汽；供热温度高于 250～300℃ 的，称为高温供热，热源通常是大型锅炉或电厂取用新蒸汽经过减温减压后的蒸汽。

为了保证室内空气一定的清洁度和温度，就要对生产厂房、公用建筑和居民房间进行通风或空调，在供热季节中，加热从室外进入的新鲜空气所消耗的热量，称为通风热负荷。通风热负荷是季节性热负荷，公用建筑和工业厂房的通风热负荷一般在昼夜间的波动较大。

二、电厂供热系统

热电厂供热载热质有蒸汽和热水两种，分别称为汽网和水热网。

（一）向热用户供应热水——热网加热器系统

热网加热器是用来加热送往热网的水，利用抽汽式汽轮机的调整抽汽在热网加热器内将热网水加热后向热用户供热。

热水作为载热质的主要优点：输送热水的距离较远，可达 30km 左右；在绝大部分供暖期间可使用压力较低的汽轮机抽汽，从而提高了发电厂的热经济性；在电厂中可进行集中供热调节，较之其他调节方式经济方便；水热网的蓄热能力较汽网高，供热的稳定性好；与有返回凝结水的汽网相比，金属消耗量、投资及运行费用都较小。其主要缺点：输送热水要耗费电能；水热网水力工况的稳定和分配较为复杂；由于水的密度大，事故时水热网的工质泄漏是汽网的 20～40 倍。

一般水热网适用于供暖、通风负荷，以及 100℃ 以下的低温度工艺热负荷。

热网加热器一般为立式。它的工作原理、构造与表面式加热器类似。其特点是容量和换热面积较大，端差可达 10℃，为了便于清洗一般采用直管管束。

供暖是有季节性的，绝大部分供暖期间的热负荷都低于最大值，所以不应按季节性热负荷的最大值来选择热网加热器，一般是装设基本热网加热器和高峰热网加热器。

基本热网加热器在整个供暖期间均在运行，它是利用抽汽式汽轮机的 0.12～0.25MPa 的调整抽汽作为加热蒸汽，可将水加热到 95～115℃，能满足绝大部分供暖期间对水温的要求。

高峰热网加热器在冬季最冷月份，要求供暖水温高于 120℃ 时才投用。它是利用压力较高的汽轮机抽汽或经减温减压后的新蒸汽作为汽源，将热网水加热到所需的送水温度。

图 4-46 所示为中参数热电厂热网加热器连接系统。

系统中热网加热器的容量及台数，应根据供暖、通风和其他热负荷来选择，一般不设备用，但当任何一台热网加热器停止运行时，其余热网加热器应能保证最大热负荷的 70%。对高峰加热器还应根据热负荷的性质、供暖距离及气候条件等决定。

热网加热器的疏水一般都是引入到回热系统中。疏水方式采用逐级自流，最后的疏水用疏水泵送往与热网加热器共用一级抽汽的除氧器内，或引至与热网加热器共用一级抽汽的表面式加热器后的主凝结水管道中。

（二）向外界热用户供应蒸汽

热电厂向热用户供应蒸汽的方式，有直接供汽和间接供汽两种。

图 4-47 所示为热电厂的直接供汽系统，它利用背压式汽轮机的排汽或可调节抽汽式汽轮机的高压（0.8～1.3MPa）抽汽，直接向热用户供应蒸汽。热用户用热后的蒸汽凝结水（回

水），根据水质情况可全部或部分地回收，回收率的高低对热电厂的经济性有一定影响。

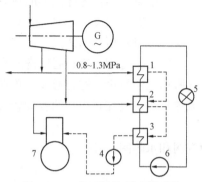

图 4-46　热网加热器连接系统

1—高峰热网加热器；2—基本热网加热器；3—疏水
冷却器；4—疏水泵；5—热用户；6—热网水泵；
7—大气式除氧器

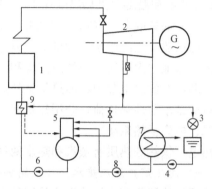

图 4-47　直接供汽系统

1—锅炉；2—抽汽式汽轮机；3—热用户；4—热网
回水泵；5—除氧器；6—给水泵；7—凝汽器；
8—凝结水泵；9—高压加热器

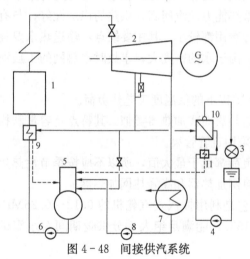

图 4-48　间接供汽系统

1—锅炉；2—抽汽式汽轮机；3—热用户；4—热网
回水泵；5—除氧器；6—给水泵；7—凝汽器；
8—凝结水泵；9—高压加热器；10—蒸汽
发生器；11—蒸发器给水预热器

图 4-48 所示为热电厂的间接供汽热力系统。它是通过专用的蒸汽发生器加热产生二次蒸汽，并将二次蒸汽送往热用户，完成供热后的蒸汽凝结水回收到发电厂。间接供汽方式完全避免了工质的外部损失，但系统和设备复杂，投资和运行费用增加，且蒸汽发生器的传热端差较大，一般为 15～25℃，增加了换热过程的不可逆损失，降低了发电厂的热经济性，较直接供汽方式多耗燃料 2% 左右。在系统返回水率较低，电厂对给水品质要求较高，补充水水质比较差的情况下，多考虑采用间接供汽方式。

（三）循环水供热系统

用循环水作为载热质供热必须提高凝汽器循环水的出口温度，使凝汽器低真空运行，是能源综合利用、省煤节电的一项技术革新措施。这项技术在全国许多电厂投入热网供暖运行，都取得了较好的效果。

实际应用中，是将汽轮机的排汽压力提高（或是说提高凝汽器内压力）至 0.0454MPa 下运行，使相应的循环水出口温度为 70～80℃。这样，可将温度较高的循环水作为热网供热介质，凝汽器就承担了供暖系统中的基本热网加热器的任务，从而可节省大量的供暖抽汽。

图 4-49 所示为热电厂用循环水做载热质的热网系统。使用一台 31-12 型汽轮机组供热，由于凝汽器的低真空运行（真空降低到 53kPa 左右），故使用同样的蒸汽量，虽然电功率降低 1MW 左右，但循环水出口温度可达 70～80℃，因此可送入热网供暖。在整个供暖季节完全代替了基本热网加热器，节省了大量的燃料。

这里必须指出，这种降低凝汽器真空供暖的运行方式会使汽轮机的效率下降，但把循环水吸收的热量又重新供热利用，既消除了凝汽器的冷源损失，又提高了整个电厂的循环效率。因此，这种运行方式对电厂对社会都是有益的。

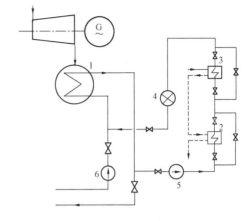

图 4 - 49　循环水热网系统
1—凝汽器；2—基本热网加热器；3—高峰热网加热器；
4—热用户；5—热网水泵；6—循环水泵

三、供热调节

热电厂对外供热不仅要满足各用户对供热量的要求，而且还要保证各用户所需的供热参数。例如用来取暖的热量是随时间而变化的，为了满足热用户的要求，需进行供热调节。

调节分为对系统的初调节和对系统的运行调节。

热水供热系统的初调节分为室外和室内两部分。首先通过调节各用户入口处和网路上的阀门，使热水网路的水力工况满足各用户的要求，然后再对室内系统的各立管和主管进行调节。引入口或监测站通常都装有检测仪表，所以室外网路的初调节可以根据热水的温度和流量（压差）进行调节，而室内系统的初调节通常只能依靠临时观测各房间室温来进行调节。

初调节完毕后，热水供热系统还应根据室外气象条件的变化进行调节，称为运行调节-供热调节。根据调节地点不同，供热调节可分为集中调节、局部调节和个体调节三种调节方式。集中调节是在热源处进行调节，局部调节是在热力站或用户入口处进行调节，个体调节是直接在散热设备处进行调节。

集中供热调节容易实施，运行管理方便，是最主要的供热调节方法。但即使对只有单一供热热负荷的供热系统，也往往需要对个别热力站或用户进行局部调节，调整用户的用热量。对有多种热负荷的热水供热系统，通常根据供热热负荷进行集中供热调节。而对于其他热负荷（如热水供应、通风等热负荷），由于其变化规律不同于供热热负荷，需要在热力站或用户处配以局部调节，以满足要求。对多种热用户的供热调节，通常也称为供热综合调节。

集中供热调节的方法主要有：

（1）质调节：供热系统的流量不变，只调节系统的供水温度。

（2）分阶段改变流量的质调节：在采暖期间不同时间段，采用不同的流量并调节系统的供、回水温度。

（3）间歇调节：在采暖初、末期（室外温度不很低），系统维持一定的流量和供、回水温度，通过调节每天的供热时数进行调节。

（4）质量-流量调节：根据供热系统的热负荷变化情况来调节系统的循环水量，同时改变系统的供、回水温度。

（5）热量调节：采用热量计量装置，根据系统的热负荷变化直接对热源的供热量进行调节控制（目前，完全采用热量计量调节法有一定困难）。

四、减压减温器

减压减温器是将较高参数蒸汽的压力和温度降至所需要数值的设备。其基本工作原理是通过节流降低压力，通过喷水降低温度，如图 4 - 50 所示。

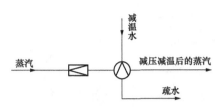

图 4-50　减压减温器原理

在热电厂中，主蒸汽通过减温减压器与蒸汽热网相连或与热网加热器相连，也可减温减压后作为抽汽的备用汽源。有时高峰加热器的汽源直接采用主蒸汽通过减温减压后供给，此时它是工作汽源，而非备用汽源。

在凝汽式发电厂中，减温减压器用来构成主蒸汽的旁路系统、厂用汽的备用汽源等。经常运行的减温减压器应设有备用，并且备用要处于热备用状态，以保证随时可自动投入。

图 4-51 所示为减压减温器系统。减压减温器主要由减压阀（回转调节阀 3）、减温设备（冷却水调节阀 14、喷水装置喷嘴 6 和文丘里管 5）、混合器 17、压力温度的自动调节系统等组成。冷却介质为锅炉给水或凝结水。

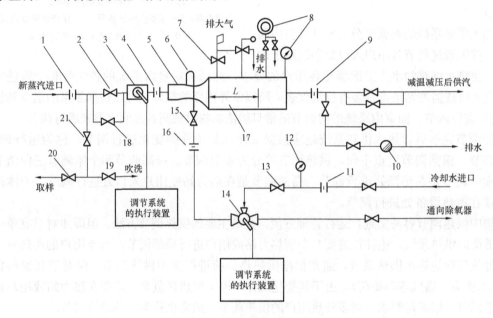

图 4-51　减温减压器系统

1、4、9、16—节流孔板；2、13—阀门；3—回转调节阀（减压阀）；5—文丘里管；6—喷水装置喷嘴；
7—安全阀；8—测量仪表；10—疏水器；11—冷却水节流孔板；12—压力表；
14—冷却水调节三通阀；15—止回阀；17—混合器；18—预热阀；
19—吹洗用阀；20—蒸汽取样阀；21—分支阀

锅炉来的新蒸汽经减压阀 3 节流降压至所需压力后再进入文丘里管 5 喷水降温，若减温减压后的蒸汽压力和温度不符合规定值，则由测量仪表 8 产生调节信号，调节系统的执行机构动作，控制减压阀 3 和减温调节阀 14 的开度，使减压减温后的蒸汽压力和温度稳定在允许的范围内。

五、热力站

热力站是指连接供热一次网和二次网，并装有与用户连接的有关设备、仪表和控制设备的机房，是热量交换、热量分配以及系统监控和调节的枢纽。其作用是根据热网工况和不同的条件，采用不同的连接方式，集中计量、检测供热载热质的参数和流量，调节、转换热网输送的工质，向热用户系统分配热量，满足用户需要。

根据服务对象的不同，可以分为工业热力站和民用热力站；根据供热管网载热质的不同，热力站可以分为热水供热热力站和蒸汽供热热力站；根据热力站的位置和功能不同，可以分为用户热力站、小区热力站和区域性热力站。在此，只介绍工业热力站和民用热力站。

（一）工业热力站

工业热力站的服务对象是工厂企业用热单位，多为蒸汽供热热力站。图 4－52 所示为一个具有多类热负荷（生产、通风、供热、热水供应热负荷）的工业热力站示意。热网蒸汽首先进入分汽缸，然后根据各类热用户要求的工作压力和温度，经减压阀（减温器）调节后分别输送出去。如工厂采用热水供热系统，则多采用汽-水式热交换器，将热水供热系统的循环水加热。

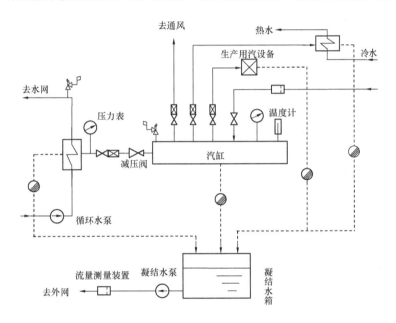

图 4－52　工业蒸汽热力站示意

开式水箱多为长方形，附件一般应有温度计、水位计、人孔盖、空气管、进/出水管和泄水管。当水箱高度大于 1.5m 时，应设置扶梯。闭式水箱是承压水箱，水箱应做成圆筒形，通常用 3～10mm 钢板制成。闭式水箱的附件一般有温度计、水位计、压力表、取样装置、人孔盖、进/出水管、泄水管和安全水封等。安全水封的作用是防止空气进入水箱内，防止水箱的压力过高并且有溢流作用。当水箱的压力正常时，水位在正常水平；当压力过高时，水封被突破，箱内的蒸汽和不凝结气体排往大气，将箱内的压力维持在一定的水平。凝结水泵不应少于两台，其中一台备用。

（二）民用热力站

民用热力站的服务对象是民用用热单位（民用建筑及公共建筑），多属于热水供热热力站，如图 4－53 所示。热力站在用户供、回水总管进、出口处安装有关断阀门、压力表和温度计。用户进水管上应安装除污器，以免污垢杂物进入局部供热系统。如果引入用户支线较长，宜在用户供、回水管总管的阀门前设置旁路阀。当用户暂停供热或检修而网路仍在运行时，关闭引入口总阀门，将旁路阀打开使水循环，以避免外网的支线冻结。另外，应当根据用户供热质量的要求，设置手动调节阀或流量调节阀，便于供热调节。

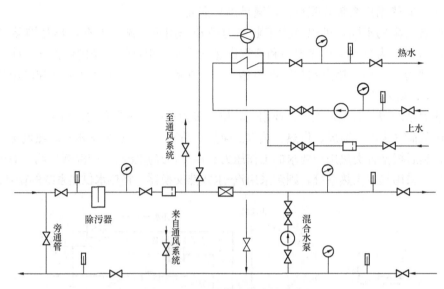

图 4-53　民用集中热力站示意

各类热用户与热水网路并联连接。城市上水进入水-水换热器,热水沿热水供应网路的供水管输送到各用户。热水供应系统中设置热水供应循环水泵和循环管路,使热水能不断地循环流动。当城市上水悬浮杂质较多、水质硬度或含氧量过高时,还应在上水管处设置过滤器或对上水进行必要的水处理。供热热用户与热水网路采用直接连接。当热网供水温度高于供热用户设计的供水温度时,热力站内设置混合水泵,抽引供热系统的网路回水,与热网的供水混合,再送往热用户。混合水泵不应少于两台,其中一台备用。

热力站应设置必要的检测、自控和计量装置。在热水供应系统上,应设置上水流量表,用以计量热水供应的用水量。热水供应的供水温度,可用温度调节器控制。根据热水供应的供水温度,调节进入水-水换热器的网路循环水量,配合供、回水的温差,可计量供热量。

六、CC330MW 机组采暖供热系统

随着社会的发展,城市居民供热由蒸汽供热逐步被高温水替代。高温水供热在安全和节能方面较蒸汽供热优势明显,"蒸汽退城"已成为当前城市供热的一项重要举措。这种情况下,电厂对外供热系统一般设置有发电厂供热内网(供热首站)和外网(二级供热站)两部分。

图 4-54 所示为某电厂 CC330MW 供热机组供热首站系统,图 4-55 所示为其相应的供热二级换热站系统简图。该供热机组的原则性热力系统见图 1-29。

供热首站是发电厂供热机组对外供热的重要组成部分,供热首站必须具备能提供一定规模的采暖供热能力,热交换方式为汽-水换热。其任务是从汽轮机中抽取一定参数的蒸汽,把水加热至较高温度作为对外供热的载热质,供热水的温度可以达到 70~130℃,用泵输送至二级换热站。"首站"是指对于供热系统来讲是首级换热站,在各个居民区,还设立了二级换热站(其换热方式为水-水换热)。

供热首站主要热力设备有:热网加热器(汽-水热交换器)、循环水泵、闭式凝结水回收装置、变频定压补水装置、补充水箱、加药装置、滤水装置及除铁装置等。

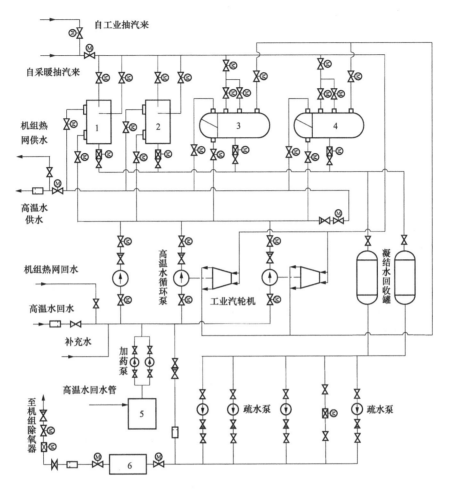

图 4-54 330MW 机组供热首站系统

1、2、3、4——热网加热器 A、B、C、D；5——加药装置；6——除铁器

该机组供热首站蒸汽（采暖抽汽）采用机组的第五级抽汽，蒸汽参数为：压力 0.5MPa、温度 279.5℃，额定流量为 250t/h×2（两台 CC330MW 机组），工业抽汽作为采暖抽汽的备用汽源。由于高温热水直埋保温管的耐温一般不超过 148℃（长时间），该供热首站提供的高温热水，设计温度为 130℃，回水温度为 70℃（设计供回水温差为 60℃）。热网加热器 A、B、C、D 有关技术参数如表 4-2 所示。

表 4-2　　　　　　　　　　供热首站热网加热器技术参数

热网加热器 A\B			热网加热器 C\D		
型号：CPL75 型式：全激光焊接板式 汽侧/水侧工作介质：过热蒸汽/软化水			型号：JR—1800 型式：管式 汽侧/水侧工作介质：过热蒸汽/软化水		
工况参数	汽侧	水侧	工况参数	汽侧	水侧
单台流量	～167t/h	1700t/h	介质流量	220t/h	2700t/h

续表

热网加热器 A \ B			热网加热器 C \ D		
工况参数	汽侧	水侧	工况参数	汽侧	水侧
设计温度	300℃	150℃	设计温度	350℃	150℃
工作温度	271.9℃	130℃/70℃	设计压力	1.0MPa	2.5MPa
设计/运行压力	1.0MPa/0.5MPa	2.0MPa/1.8MPa	工作压力	0.5MPa	1.5MPa
疏水温度	<90℃		工作温度（进/出）	255℃/80℃	70℃/130℃

(注：表中数据来源于现场运行规程)

电厂首站向供热区域内的热用户提供高温水至各小区热力站（二级换热站），通过设在热力站内的换热器进行水-水换热后，向热用户输送 85/60℃ 的低温水。

供热首站主要流程如下：二级站的热网回水，经过滤器过滤后，由循环泵加压，再流经汽-水换热器加热，水温升高后，经供热网送往二级换热站；加热蒸汽经汽-水换热器释放热量后凝结成水，凝结水经过疏水器流入凝结水罐，再由凝结水泵送至电厂除氧器。系统的补充水采用定压变频补水，补充水由化学水车间提供，补水点设在循环泵入口。

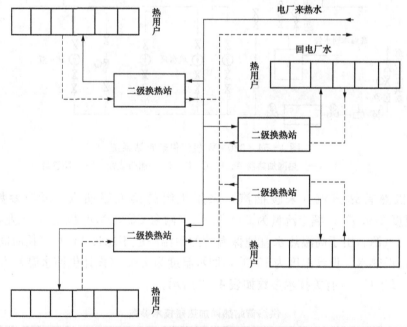

图 4-55 供热二级换热站系统简图

▶ 能力训练 ◀

1. 绘图简述减温减压器的工作原理；发电厂设置减温减压器有什么作用？
2. 识绘热电厂直接供汽的热力系统图，并简述其流程。
3. 识绘热电厂间接供汽的热力系统图，并简述其流程。
4. 识绘 330MW 机组供热首站系统图，并简述其流程。

任务十三　发电厂供水系统

> 任务目标 ◁

掌握直流供水系统、循环供水系统组成及其应用，了解发电厂对供水的要求以及冷却水塔的类型、结构和工作原理，能熟练绘制循环供水系统图。

> 知识准备 ◁

一、发电厂的供水量及对供水的要求

1. 热力发电厂水的消耗量

火力发电厂的用水量很大，如一座 $1 \times 600MW$ 的火电厂，每小时的用水量约为 8 万 m^3，发电厂的用水一般分为两类，一类是生产用水，另一类是生活和消防用水。用水的主要项目有：凝汽器中凝结汽机排汽冷却水，机组润滑油冷却水，辅助机械轴承冷却水，发电机空气、氢气或水冷却器冷却水，因汽水损失所需的补充水，水力除灰用水，其他生产及生活用水等。

在发电厂的这些用水中，最大的一项是凝结汽轮机排汽的冷却水，其数值一般按下式计算：

$$D_w = m D_c$$

式中　D_w——凝汽器的冷却水量，t/h；

　　　m——冷却倍率，即冷却 1kg 蒸汽需要的水量；

　　　D_c——进入凝汽器的排汽量，t/h。

冷却倍率 m 与地区、季节、供水系统、凝汽器结构等因素有关，其值见表 4-3。

表 4-3　　　　　　　　　　　　　冷却倍率 m 的一般数值

地　　区	直流供水		循环供水	直流供水夏季平均水温（℃）
	夏季	冬季		
北方（华北、东北、西北）	50～55	30～40	60～75	18～20
中部	60～55	40～50	65～75	20～25
南部	65～75	50～55		25～30

发电厂的其他用水量可按实际情况计算，也可按相对于冷却水量的多少进行计算，其他用水的相对量见表 4-4。

表 4-4　　　　　　　　　　　　火电厂其他用水的相对耗水量

用水项目	水的消耗量（%）	用水项目	水的消耗量（%）
冷却凝汽器排汽用水	100	热电厂的厂内、外损失的补充水	<1.5
冷却大型汽轮发电机的油和空气（气体）用水	3～7	排灰渣用水	2～5
冷却辅助机械轴承用水	0.6～1	生活及消防用水	0.03～0.05
凝汽式发电厂厂内损失的补充水	0.06～0.12	采用冷却塔或喷水池时补充损失用水	4～6

2. 热力发电厂供水的要求

发电厂在生产过程中需水量大，用水量随机组配置与装机容量的不同有差异，而且供水的可靠与否直接影响汽轮发电机组的安全经济运行。因此，供水应满足如下要求：

（1）水源必须可靠，保证发电厂任何时候都有充足的水量。

（2）水质必须符合使用要求，若采用海水或腐蚀性水源，则应采用相应的措施或特殊设备。

（3）厂址应靠近水源，并力求系统简单，以减少设备投资和运行费用。

二、发电厂的供水系统

发电厂的供水系统由水源、取水、供水设备和管道等组成。根据地理条件和水源特征，供水系统可分为直流供水（也称开式供水）和循环供水（也称闭式供水）两种。

（一）直流供水系统

直流供水系统是以江、河、海为水源，将冷却水供给凝汽器等设备使用后，再排放回水源的供水系统。按引水方式的不同，直流供水又可分为三种。

1. 岸边水泵房直流供水系统

如图 4 - 56 所示，岸边水泵房直流供水系统是将循环水泵置于岸边水泵房内较低的标高上，冷却水经循环水泵升压后由铺设在地面的供水管道送至汽轮机房，从凝汽器和其他冷却设备出来的热水经排水渠流至水源的下游。冬季时，为防止水源结冰，可将一部分热水送回取水口，以调节水温。在取水设备的入口处，设有拦污栅，以防大块杂物或鱼类等进入。大型电厂一般多用旋转式滤网。

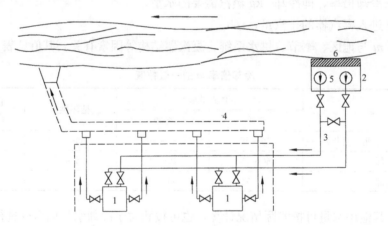

图 4 - 56　具有岸边水泵房的直流供水系统
1—凝汽器；2—岸边水泵房；3—压力水管；4—排水明渠；5—水源水泵；6—拦污栅

当发电厂的厂址标高与水源水位相差较大或水源水位变化较大时，采用这种系统。

2. 具有两级升压泵的直流供水系统

如图 4 - 57 所示，具有两级升压泵的直流供水系统有两级泵房，一个设在岸边，一个靠近主厂房内或在主厂房内。两个水泵之间有较长距离，通过明渠或供水管道连接。

当发电厂的厂址标高与水源水位相差很大或厂址距水源很远时，采用这种系统。

3. 循环水泵房布置在汽轮机房的直流供水系统

如图 4 - 58 所示，这种供水系统由于用明渠代替了供水管道及不需设水泵房，所以能节省投资，减少运行费用，但汽轮机房的占地面积略有增大。

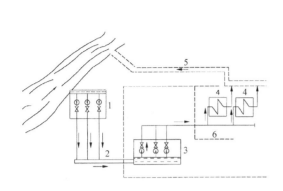 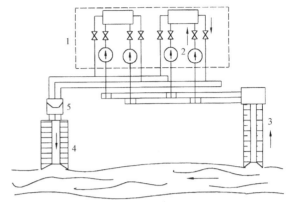

图 4-57 具有两级升压泵的直流供水系统

1—岸边水泵房；2—暗渠；3—中继水泵房；

4—凝汽器；5—排水明渠；6—压力管道

图 4-58 循环水泵布置在汽轮机房的

直流供水系统

1—汽轮机房；2—循环水泵；3—进水渠；

4—排水渠；5—虹吸井

当厂区标高低于水源水位或相差很小及水源水位变化不大时，采用这种系统。

（二）循环供水系统

循环供水系统是指冷却水经凝汽器吸热后进入冷却设备，将热量传给空气而本身冷却后，再由循环水泵送回凝汽器重复使用的供水系统。

在水源不足的地区，或水源虽充足，但采用直流供水系统在技术上较困难或不经济时，则采用循环供水系统。

循环供水系统根据冷却设备的不同又可分为冷却塔循环供水系统、冷却水池循环供水系统和喷水池循环供水系统。由于后两种供水系统占地面积大，冷却效果差，只用于中小型电厂。大型电厂广泛采用自然通风冷却塔的循环供水系统。冷却塔循环供水系统，根据通风方式的不同又可分为自然通风和机力通风两种。自然通风冷却塔循环供水系统如图 4-59 所示。

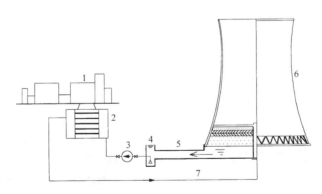

图 4-59 自然通风冷却塔循环供水系统

1—汽轮发电机组；2—凝汽器；3—循环水泵；4—吸水井；5—自流渠；6—冷却塔；7—压力循环水管

其工作流程是：由凝汽器吸热后出来的循环水，经压力管道从冷却塔的底部进入冷却塔竖井，送入冷却塔上部。然后分流到各主水槽，再经分水槽流向配水槽。在配水槽上设有喷嘴，水通过喷嘴喷溅成水花，均匀地洒落在淋水填料层上，其喷溅水逐步向下流动，造成多层次溅散。随着水的不断下淋，将热量传给与之逆向流动的空气，同时水不断蒸发携带汽化潜热，使水的温度下降，从而达到冷却循环水的目的。冷却后的循环水，落入冷却塔下部的集水池中，而后沿自流渠进入吸水井，由循环水泵升压后再送入凝汽器重复使用。

循环供水系统主要设施是冷却塔，按通风方式冷却塔可分为自然通风冷却塔和机械通风冷却塔两种。

1. 自然通风冷却塔

自然通风冷却水塔为高大的双曲线形风筒，靠塔内外空气的密度差造成的通风抽力使空气由下部进入塔内，并与下淋的水形成逆向流动，因而冷却效果较为稳定。塔内外空气密度差越大，则通风抽力越大，对水的冷却越有利。

自然通风冷却塔按水流与气流方向又可分为逆流冷却塔和横流冷却塔。逆流自然通风冷却塔的构造如图 4 - 60 所示。

逆流自然通风冷却塔的塔筒是用钢筋混凝土建造的双曲线旋转壳体，塔筒荷重由设在壳体底部沿圆周均匀分布的支柱承受，支柱间构成进风口。底部为集水池。壳体内由淋水构架、淋水填料、配水系统和除水器等组件构成塔芯。淋水构架是塔内各组件的支承体系。淋水填料是循环冷却水和空气进行热、质交换的中心部件，布满塔内整个平面。按循环水在其中通过的不同状态，淋水填料有点滴式、薄膜式和点滴薄膜式等几种。淋水填料多采用塑料、钢丝水泥或木材制成，也有用石棉水泥、陶瓷制作的。

横流式冷却塔的构造如图 4 - 61 所示，它是将配水、淋水装置布置在筒底的周围，空气横向穿过淋水装置进入塔筒最后从塔顶排出。这种冷却塔与逆流式冷却塔相比，具有通风阻力小、风筒直径小、送水高度低、造价低等优点。但空气与水之间传热效果较差，占地面积较大，在国外虽有少数国家采用，但在我国目前还处于探索阶段。

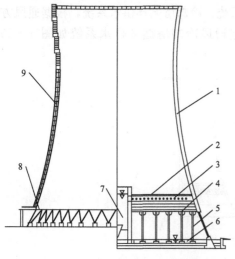

图 4 - 60　逆流自然通风冷却塔

1—塔筒；2—除水器；3—配水系统；
4—淋水填料；5—淋水构架；6—集水池；
7—竖井；8—进风口；9—爬梯

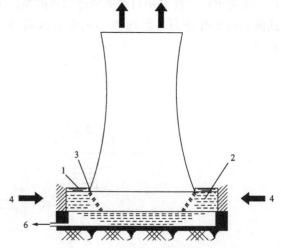

图 4 - 61　横流式自然通风冷却塔

1—冷却水入口；2—淋水装置；3—收水器；
4—冷空气入口；5—热空气及
水蒸气出口；6—冷却水出口

2. 机械通风冷却塔

机械通风冷却塔不设高大的风筒，其塔内空气流动是靠安装在塔顶部的轴流式风机所形成的吸力完成的。

机械通风冷却塔具有冷却效果好，塔的体积小，占地面积小，造价低等优点；缺点是风机及其传动装置的运行维护工作量较大，排出的湿热空气以及风机噪声对环境会产生较大影响，耗电量大。因此，我国的大、中型电厂很少采用，只用于小型电厂。

三、空气冷却系统

目前，我国实行西电东送的能源利用策略，但富煤地区往往缺水，为适应"富煤缺水"地区建设大型火力发电厂的需要，发电厂汽轮机凝汽系统采用空气冷却系统，简称发电厂空冷系统。发电厂空冷系统有间接空冷系统和直接空冷系统两种。间接空冷系统又分为混合式凝汽器间接空冷系统和表面式凝汽器间接空冷系统。

1. 间接空冷系统

（1）混合式凝汽器间接空冷系统。混合式凝汽器间接空冷系统又称海勒式间接空冷系统，如图 4－62 所示。该系统由喷射式凝汽器和装有福哥型散热器的空冷塔构成。凝汽器的一部分凝结水由循环水泵送入空冷塔散热器，在散热器中经空气冷却后喷入凝汽器与汽轮机排汽直接混合，从而将乏汽冷凝成水。这种系统适合于气候温和、无大风、带基本负荷的发电厂。

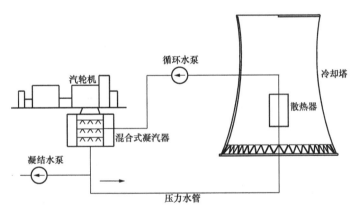

图 4－62　海勒式间接空冷系统

（2）表面式凝汽器间接空冷系统。表面式凝汽器间接空冷系统又称哈蒙式间接空冷系统，如图 4－63 所示。该系统由表面式凝汽器和装有散热器的空冷塔构成，与常规循环冷却水系统基本相同，不同之处在于循环水是除盐水，并由循环水泵送入空冷塔散热器内，在散热器经空气冷却后进入凝汽器冷却管内将乏汽冷凝成水，除盐水在空冷塔和凝汽器中形成闭式循环，以减小冷却水损失。这种系统适合于核电厂、热电厂和调峰大电厂。

2. 直接空冷系统

直接空冷系统如图 4－64 所示，它是指汽轮机排汽直接用空气冷凝成水，空气与蒸汽间通过管壁进行热交换。所需冷却空气通常由轴流冷却风机通过机械通风方式供应。这种系统适用于各种环境和各类燃煤电厂，尤其适用于"富煤缺水"地区。

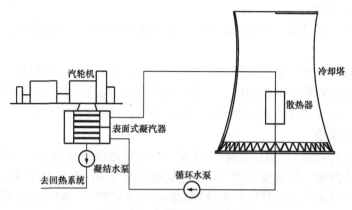

图 4-63　哈蒙式间接空冷系统

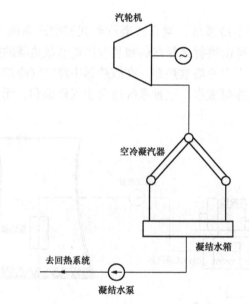

图 4-64　直接空冷系统

▶ **能力训练** ◀

1. 分析影响发电厂冷却倍率的因素有哪些?
2. 说明岸边水泵房直流供水系统的供水流程。
3. 说明自然通风冷却塔循环供水系统的供水流程。
4. 阐述空气冷却系统的优缺点及适用条件。

任务十四　工业冷却水系统

▶ **任务目标** ◀

掌握工业冷却水系统的组成及作用,能熟练叙述开式冷却水系统和闭式冷却水系统的工作流程。

知识准备

一、工业冷却水系统的作用及形式

在发电厂中有许多转动机械因轴承摩擦而产生大量的热量，各种电机和变压器运行中因存在铁损和铜损也转变成大量的热能，某些设备因高温流体流过而吸热等。所有这些热量如不及时排出，则设备或部件的温度会越来越高，将引起设备超温而烧坏。为确保设备的安全运行，必须对这些设备进行冷却。此项冷却任务通常由发电厂的工业冷却水系统完成。

发电厂根据各设备对冷却水水温和水质的不同要求，采用开式冷却水系统和闭式冷却水系统。

开式冷却水系统是指冷却水取自水源经开式循环水泵升压后，经过各设备的冷却器吸热后再排入水源的冷却水系统。闭式冷却水系统是指冷却水经闭式冷却水泵升压后，送入各设备冷却器中吸热，然后进入闭式水冷却器中，将热量传给冷却介质（开式冷却水），经冷却后的冷却水再由闭式冷却水泵送入各设备冷却器重复使用的冷却水系统。

二、开式冷却水系统

1. 系统的组成和要求

开式冷却水系统一般由两台开式循环水泵、各设备冷却器及其连接管道、阀门和附件组成，有的机组同时设有一台事故备用泵。图 4-65 所示为 300MW 机组的开式冷却水系统。

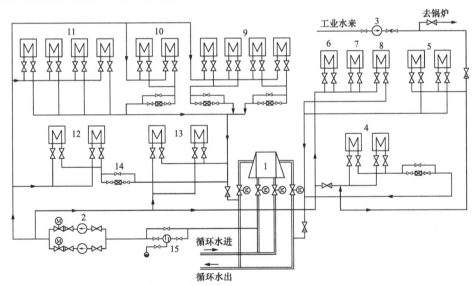

图 4-65　300MW 机组开式冷却水系统

1—凝汽器；2—开式冷却水泵；3—停机事故备用泵；4—汽轮机发电机组冷油器；5—汽动泵冷油器；
6—电动泵电动机空冷器；7—电动泵工作油冷却器；8—电动泵润滑油冷却器；9—发电机氢气冷却器；
10—发电机定子水冷却器；11—励磁机空冷器；12—闭式水冷却器；13—真空泵冷却器；
14—温度控制站；15—过滤器

由于开式冷却水品质较差、水温较低，因此一般是满足下列条件的设备热交换器或冷却器接入开式冷却水系统：①冷却水品质低于"凝结水"品质的设备，如管式冷却器等；②冷却水的温度低于闭式冷却水温度的设备；③需要大量冷却水的设备。

开式冷却水泵的总压头应根据冷却水系统的管道、附件和设备的阻力总和确定。为保证冷却水的洁净，在冷却水系的入口装有可自动反冲洗的过滤器。开式冷却水的流程是：循环水供水母管→过滤器→开式冷却水泵→各冷却器→循环水排水母管。

2. 水源

开式冷却水系统一般设有两个水源。

正常水源是凝汽器循环水。在机组正常运行期间，开式冷却水泵自凝汽器循环水进水母管取水，回水排入凝汽器循环水出水管。

备用水源是工业水。在电厂停电或夏季运行期间，启动柴油发电机拖动一台事故备用泵，向汽动泵冷油器、汽轮发电机组冷却器、柴油发电机组冷却器、锅炉循环泵冷却器和清洗冷却器（见图 4-66）等提供工业冷却水。在工业水系统的管道上设有一只止回阀，以防止开式冷却水倒流入工业水系统。

3. 开式冷却水泵

系统中设置两台冷却水泵，正常情况下，一台运行一台备用。在泵的进水母管上设有一只 100% 容量的自动清洗滤网，滤网的进、出水侧各设一只蝶阀，还设一只旁路阀，用于滤网检修时通水。跨滤网接一只压差开关，在滤网压差高时，自动清洗滤网，并发出报警。

在每台水泵的进口设置一只手动蝶阀，出口设置一只止回阀和手动蝶阀，该泵不设置最小流量再循环管，如果由于阀门不正确操作使流量下降到低于最小流量时，装在每一台泵出口管道上的流量开关使水泵跳闸，同时连锁启动备用泵。

4. 温度控制站

在被冷却介质温度要求比较严格的设备冷却器出水母管上设有温度控制站，它由一只调节阀、两只手动阀和一只旁路阀组成，根据被冷却介质的出口温度信号来调节冷却水量，从而控制被冷却介质的温度。无温度控制站的各设备冷却器的出口阀，既用于隔离又可手动调节冷却水量来控制被冷却介质的温度。

设有温度控制站的冷却器有闭式水冷却器、汽轮机发电机组冷油器、发电机定子水冷却器和发电机氢气冷却器。

600MW 开式冷却水系统与 300MW 系统相似，只是多了应急柴油发电机组冷却器、电液调节冷却器，取样间空调冷却器及主控室空调冷却器等。除在上述各设备冷却器设有温度站外，还在电动给水泵主冷油器、电液调节冷却器上设有温度控制站。

三、闭式冷却水系统

1. 系统的作用及组成

闭式冷却水系统的作用是在电厂各种运行工况下，向要求冷却水质较好的小容量设备冷却器和部分大容量设备冷却器（包括各转动机械的密封水、轴承冷却水、润滑油冷却水、抗燃油冷却水等的冷却器），提供水质、温度均符合要求的冷却水。

如图 4-66 所示，闭式冷却水系统一般由膨胀水箱、闭式冷却水泵、闭式水冷却器、药品混合箱以及管道、阀门和附件等组成，闭式冷却水的流程：冷却水由闭式冷却水泵→各供水母管→各设备冷却器→回水母管→闭式水冷却器→闭式冷却水泵进口，补充水通过闭式膨胀水箱供给。

2. 补充水

闭式冷却水系统正常补充水为凝结水系统来的凝结水。系统的初期注水，由补充水泵来

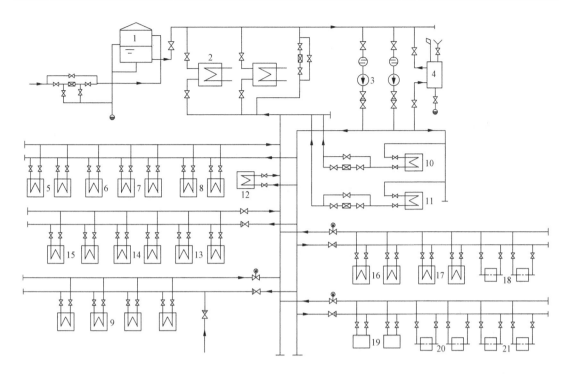

图 4-66 300MW 机组闭式冷却水系统

1—闭式膨胀水箱；2—闭式水冷却器；3—闭式冷却水泵；4—药品混合箱；5—电动给水泵及其前置泵冷却器；
6—EH 油冷却器；7、8—分别为两台汽动泵及其前置冷却器；9—锅炉循环泵冷却器及清洗冷却器；
10—氢冷发电机空侧密封油冷却器；11—氢冷发电机氢侧密封油冷却器；12—取样冷却器；
13—送风机冷油器；14—引风机冷油器；15—空气预热器冷油器；16、17—高、低油站
冷却器；18—排粉风机轴承；19—磨煤机减速箱；
20、21—磨煤机进、出器轴承

的除盐水完成。在补充水管上装有气动调节阀，前后有手动隔离阀，并有手动旁路阀，用于调节补充水量，维持膨胀水箱水位。

3. 主要设备

闭式冷却水系统容量是以汽轮机调节阀全开，并有 5% 的超负荷工况为基础设计的。它在机组从启动到最大负荷的各种工况下运行，并随机组一起启动或停运，闭式冷却水泵及冷却器均为两套 100% 容量，其中一套运行，一套备用。

高位布置的膨胀水箱为冷却水泵提供了足够的净正吸水头。膨胀水箱的水位只维持其容积的一半，使其有一定的富裕空间，以适应系统流量变化或在水膨胀时起到缓冲作用。

为了防止系统中管道和设备腐蚀，应定期向闭式循环系统中加入磷酸二钠。药液通过漏斗和阀门注入药品混合箱内，利用闭式冷却水泵出口的来水进入药品混合箱，与药液混合后进入闭式冷却水泵入口管内，给系统加药。

闭式水冷却器为表面式，闭式冷却水在管外流动，开式冷却水在管内流动。闭式冷却水压力高于开式冷却水压力，以防止在管子泄漏时，开式冷却水进入闭式冷却水系统，污染闭式冷却水。

4. 温度控制

（1）闭式冷却水的温度控制。开式冷却水的正常水温为 15～30℃，最高为 33℃。闭式冷却水通过各设备冷却器的回水温度为 47℃左右，进入闭式冷却水冷却器冷却后的水温为 38℃。正常运行时，闭式冷却水温度可以通过温度控制站调节开式冷却水流量控制（见图 4－65），也可通过调节闭式冷却水冷却器的闭式冷却水量控制。在闭式冷却水冷却器进、出口母管上还并联有气动调节装置，它由一只气动调节阀及其前后隔离阀和一只旁路阀组成，用于冬季开式冷却水温度较低时，调节闭式冷却水温度以满足设备对冷却水的要求。

（2）被冷却介质温度控制。在被冷却介质温度要求比较严格的设备冷却器（如氢冷发电机氢侧密封油冷却器和空气侧密封油冷却器）的出水母管上设有温度控制站，它由一只气动调节阀及其前后隔离阀和一只旁路阀组成，根据被冷却介质的温度信号调节进入冷却器的闭式冷却水量，从而控制被冷却介质的温度。未设温度控制站的各设备冷却器的出口阀既用于隔离也可调节闭式冷却水量，以控制被冷却介质的温度。

能力训练

1. 说明工业冷却水系统的作用。
2. 开式冷却水系统由哪些设备组成？叙述 300MW 机组开式冷却水系统的工作流程。
3. 闭式冷却水系统由哪些设备组成？叙述 300MW 机组闭式冷却水系统的工作流程。

任务十五　发电机冷却系统

任务目标

掌握发电机冷却系统的作用及形式，能叙述发电机双水内冷系统和水氢氢冷却系统的工作流程。

知识准备

一、发电机冷却系统的作用及形式

发电机冷却系统的作用是在机组运行中，利用冷却介质，将发电机定子和转子绕组线圈及铁芯激磁涡流所产生的热量及时带出，确保发电机安全运行。

在发电机运行的全过程中，要求发电机冷却水系统必须提供温度、流量、压力和品质（水质或纯度）符合要求的冷却介质。发电机冷却系统采用的形式有空气冷却系统、双水内冷系统和水氢氢冷却系统。现代大型机组上多采用后两种形式的冷却系统。

双水内冷系统是指定子线圈和转子线圈均以水为冷却介质，定子铁芯和转子表面仍为空气冷却的发电机冷却系统。这种冷却系统只需控制好水的电导率，冷却效果好，安全可靠性高，国内的运行经验也很丰富，因此被广泛应用。水氢氢冷却系统是指定子线圈为水冷却，转子线圈为氢气内部冷却，定子铁芯和转子表面为氢气冷却的发电机冷却系统。引进型 300、600MW 机组上常采用这种形式，国产 200MW 机组上也有采用这种冷却系统的。

二、双水内冷系统

图 4－67 所示为 300MW 机组上采用的发电机双水内冷系统。

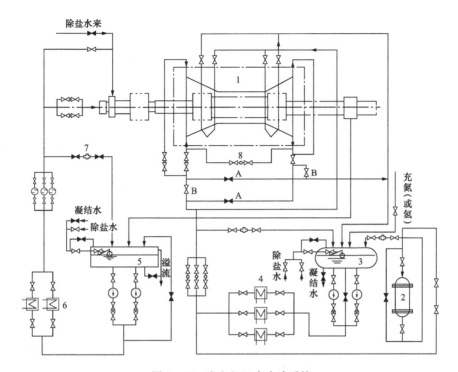

图 4-67　发电机双水内冷系统

1—发电机；2—离子交换器；3—定子水箱；4—定子水冷却器；5—转子水箱；

6—转子水冷却器；7—电导率仪；8—差压控制器

（一）定子冷却水系统

发电机定子冷却水系统为全密闭循环冷却系统。定子冷却水由定子水箱，经冷却水泵、定子水冷却器、过滤器后分成两路：一路从励磁机端左右分别经一只过滤器进入定子线圈，之后由汽轮机端左右侧引出；另一路进入定子端部压圈的内部冷却水管。两路出水汇至一出水母管进入定子回水箱内。两台冷却水泵，一台正常运行，一台备用。三台冷却器，两台正常运行，一台备用。

1. 补充水

定子冷却水系统启动前充水和正常运行时的补充水分别为化学除盐水和凝结水。正常运行时，定子回水进入定子水箱后重新使用。补水管上装有浮球式液位调节阀，根据定子水箱中水位控制补给水量。

2. 冷却水水质保证

为确保定子冷却水的纯净度和电导率在规定的范围内，采取以下措施：

（1）在定子水箱上部充入氮气或氢气（水氢氢冷却系统中，从氢气冷却系统来），以防止定子水箱漏入空气，影响水质，对设备产生氧化腐蚀。

（2）发电机水内冷系统中所有设备、管道、阀门及附件等均采用耐腐蚀材料制成，尽可能减少水质受到污染而导致发电机内部水路堵塞。

（3）冷却器出水总管及定子线圈冷却水进水支管上分别装有两只过滤器，一只正常运行，一只备用。过滤器底部设有排污口，且并联有差压开关，过滤器堵塞时报警，启动备用过滤器，并对堵塞过滤器进行清理排污。

（4）加装反冲洗切换阀及其管道。在冷却水系统中装设专供反冲洗用的切换阀 A、B 和相应管道。正常运行中，B 阀开、A 阀关。当跨接于定子总进水管路上的差压开关发出报警时，说明定子线圈有杂质堵塞；需要反冲洗时，B 阀关、A 阀开。这样可达到不停机进行反冲洗，但此时，发电机不能带负荷，只许空载运行。

（5）为控制水的电导率在允许的范围内，系统中设置阴阳离子交换器，防止由于水的电导率高致使线圈绝缘破坏。从主冷却水系统中引出一小部分冷却水（一般为总冷却水量的 5%）进入阴阳离子交换器，利用离子交换树脂，抑制冷却水电导率在允许的范围内（小于 5S/cm）。经处理净化后的冷却水再回到定子水箱。离子交换器出口回水管上，设有电导率仪，以监视离子交换器出水不超过限定值（小于 1.5mS/cm）。在冷却器之后的主冷却水管上也设有电导率仪，作为定子线圈进水电导率监测，当电导率达到 5pS/cm 时报警，回水进入定子水箱。

3. 冷却水温度控制

系统中有两台正常运行的冷却器来冷却内冷水，冷却介质为开式冷却水，并装有恒温调节装置，使发电机定子进水温度维持在较小范围内变化，从而减少定子线圈因水温变化较大时，对绝缘的不利影响。定子冷却水温调节有外调和内调两种方式。

外调是调节进入冷却器开式冷却水的流量，从而控制定子冷却水温度。在冷却器的开式冷却水出水管道上设有一只气动调节阀、前后隔离阀和一只旁路阀，气动调节阀的开度由进入定子线圈冷却水温度控制。当定子进水温度低时，调节阀关小；当定子进水温度高时，调节阀开大（见图 4-66）。内调是调节通过冷却器的定子冷却水量来控制定子冷却水温度的，如图 4-68 所示。在定子冷却器定子水出口管道装设一只三通合流调节阀，有一部分定子冷却水走旁路。当定子进水温度低时，调节阀动作，开大旁路，减小通过冷却器的定子水量，提高定子进水温度；当定子进水温度高时，关小旁路，增大冷却器定子水的通流量，降低定子进水温度。

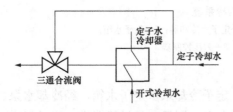

图 4-68 三通合流调节示意

（二）转子冷却水系统

发电机转子水内冷系统为独立的循环冷却系统。转子水箱中的冷却水，经冷却水泵、冷却器、过滤器，从励磁机端进入转子水内冷进水联箱，通过转子内部水路后，由汽轮机端出水支座流出，借助重力的作用自流入转子水箱。

转子冷却水系统不设离子交换器，采用装在转子水箱上的溢流管及浮子式液位调节阀，进行溢流补水从而控制冷却水的电导率在规定的范围内。系统中设有两台冷却水泵和两台冷却器，一套正常运行，一套备用。其他与定子冷却水系统相似。

三、水氢氢冷却系统

（一）定子冷却水系统

发电机采用水氢氢冷却方式时，定子冷却水系统与上述双水内冷的定子冷却水系统基本相同，不同之处如下：

（1）补充水经减压阀、流量控制阀、离子交换器及水过滤器进入定子水箱，由该离子交换器控制水的电导率。

（2）定子水箱中用氢气冷却系统的氢气充入，以隔绝水与空气的接触，而不需单独设置一套供氢气装置。通过水箱液面上氢气的压力表，可监视氢气系统内的氢压。当定子冷却水系统中漏入少量氢气时，由装于水箱上的排气装置排出，以防止水箱超压。

（3）要求定子冷却水的最大压力低于发电机内氢气的压力，这样当发电机定子某线圈有少量泄漏时，保证水不会漏入发电机内部，影响线圈的绝缘性能。

（二）氢气冷却系统

1. 发电机氢气冷却过程

水氢氢汽轮发电机采用焊接的机座结构，轴承由焊接的端盖支撑并经绝缘。发电机机壳两端内各装有两只立式氢气冷却器，定子机座与铁芯间采用隔振装置。转子采用合金钢整体锻件，两端对称装有轴流式风扇，通过这两台风扇使发电机内形成氢气流动的封闭回路。从发电机携带热量的氢气，进入装在发电机两端的氢气冷却器，把热量传给翅片管中的冷却水后，重新由风扇将氢气送入发电机重复使用。除了励磁机端的出线盒外，氢气流动的两个回路几乎是对称的。氢气的补充、置换、干燥、监测和控制等均是由外部氢气冷却系统完成的。

2. 氢气冷却系统

图4-69所示为发电机氢气冷却系统，该系统由供氢气装置、供二氧化碳装置、氢气监测变送装置、液体监测仪、氢气干燥器、发电机辅助控制盘和发电机工况监视器等组成。

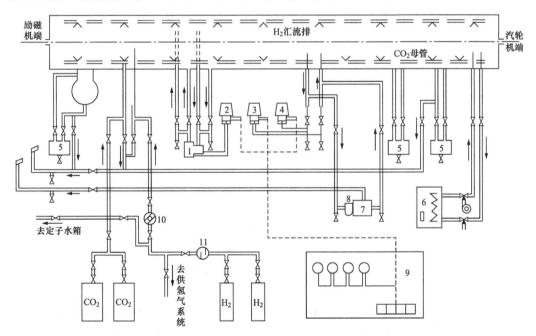

图4-69 发电机氢气冷却系统

1—氢气纯度风扇；2—氢气纯度风扇差压变送器；3—发电机风扇差压变送器；4—氢气压力变送器；
5—液体监测仪；6—氢气干燥器；7—发电机工况监测器；8—油水分离器；
9—发电机辅助控制盘；10—压力调节器；11—氢气过滤器

（1）供气装置。氢气在机内循环过程中会漏入冷却水侧或密封油中，造成氢气损失，使机内氢气的纯度下降，从而降低冷却效果。因此在发电机运行过程中必须不断地补充氢气，以满足冷却发电机的需要。从电厂制氢站高压储氢罐或氢气瓶来的氢气经过过滤、调整压力后，通过设置在发电机顶部的汇流管进入发电机。为了保证充氢和排氢时的安全，还设置了一套完善的二氧化碳置换系统。当需要置换时，二氧化碳经减压器，通过发电机底部的汇流管进入发电机。

（2）氢气过滤器和氢气减压器。氢气过滤器的作用是滤除氢气中的杂质。过滤器元件是由多孔粉末冶金材料制成，由于其强度较低，在正常使用时，过滤器元件两端压差值一般不超过 0.2MPa，否则会对过滤元件起破坏作用。

氢气减压器的作用是保持机内氢气压力恒定。它相当于减压阀，正常使用时，用装于减压器后的排空阀调整其出口压力保持在整定值 0.4MPa。

（3）氢气干燥器。在机内循环的氢气，时间久了会逐渐吸潮，这样对线圈的绝缘不利，还容易产生电晕，氢气系统中利用氢气干燥器，来吸收氢气中的水分。氢气干燥器有热风再生式和冷凝式自动干燥两种形式。热风再生式氢气干燥器中充满着氧化铝作为吸收材料，在机组运行期间，气体循环通过干燥器，在吸收材料吸水饱和后，将发电机与干燥器脱离，用小风扇强迫空气通过干燥器以除去水分，干燥器中的恒温器保护干燥器不过热，观察干燥器底部窗口湿润剂的颜色，可以确定活性材料的干燥度。干燥时，呈淡蓝色，浸透了水分时，呈浅灰粉红色。冷凝式氢气自动干燥器是通过制冷的方式除去氢气中的水分，氢气在装有蒸发器的容器内流动，氢气中的水分遇到－30℃的蒸发器时，就凝结在蒸发器表面，然后经热循环冲箱排出溶解水，从而达到除去氢气中水分的目的，它的突出特点是：除水效率高，不需要更换或处理吸附水分的部件。

（4）液体监测仪。液体监测仪装在发电机机壳和主出线盒下面。每端机壳端环上设有开口，将收集起来的液体排到液体监测仪。每一个监测仪装有一根回气管通到机壳，使得来自发电机机壳的排水管不能通空气。在监测仪里的浮子式控制开关，指示出发电机里可能存在的冷却器漏出或冷凝成的任何液体，并用放水阀排除积聚的液体。

（5）氢气参数监测装置。发电机内氢气的纯度、压力和密度等参数的变化可直接通过位于辅机控制监测柜上的表计指示。氢气纯度是通过氢气监测变送装置上的纯度风扇打出的风压来确定的，纯度风扇由一个负荷很小且转速恒定的感应电动机带动，风扇打出的风压直接与气体的密度成正比，再通过差压变送器和压力变送器转换成电流信号，然后送至位于辅机控制监视柜内除法组件和信号转换组件，通过综合运算后就可直接在仪表上显示出机内氢气压力、纯度和密度等参数，并进行报警。

（6）工况监视器。发电机工况监视器的作用是监测发电机线圈和定子铁芯是否有局部过热现象。其基本原理是定子铁芯和线棒表面的绝缘漆在发热到一定温度时（大约 150℃），就会引起分解，产生大量高浓度的超微粒子随循环氢气经过工况监视器的离子室时被大量吸附，从而改变工况监视器在正常情况下的输出电流，使之大大降低，发出报警信号。

▶ 能力训练 ◀

1. 说明发电机冷却系统的作用。查阅相关资料，阐述发电机双水内冷系统、水氢氢冷却系统及各自的特点。

2. 叙述发电机双水内冷系统的工作流程。

3. 叙述发电机氢气冷却系统的工作流程。

任务十六　发电厂全面性热力系统

> **任务目标** <

掌握识读和分析发电厂的全面性热力系统的方法，能识绘发电厂的全面性热力系统图。

> **知识准备** <

一、发电厂全面性热力系统概述

以上介绍的各局部热力系统和机、炉本体的管道系统组成了发电厂的全面性热力系统，它表明了全厂性的所有热力设备及其汽水管道的连接方式，并明确反映电厂的各种工况及事故、检修时的运行方式。在绘制发电厂全面性热力系统时，按设备的实际数量（包括运行的和备用的全部主、辅热力设备及其系统）来绘制，热力系统管线、设备和阀门符号要采用项目三中介绍的国家规定的或通用的图例。

在全面性热力系统图中，至少有一台锅炉、汽轮机及其辅助设备的有关汽水管道上要表明公称压力、管径和壁厚。通常在图的右侧应附有该图的设备明细表，表明设备名称、规范、型号单位及其数量和制造厂家或备注。本书作为教材并限于篇幅，在所附的发电厂全面性热力系统图中不做以上标示，并对发电厂的实际全面性热力系统进行适当简化。

在识读、分析发电厂全面性热力系统时，要注意以下几点：

（1）明确图例。不同国家的发电厂全面性热力系统图的绘制及其图例有所不同，首先要明确图例。

（2）明确主要设备的特点和规范。如锅炉、汽轮机以及发电机的形式、容量和参数。

（3）明确该发电厂的原则性热力系统的特点。如回热系统的连接方式、给水泵的驱动方式、除氧器的运行方式等。

（4）区分设备情况。不仅不同制造厂家生产的主、辅热力设备有所不同，即使同一制造厂家的产品还有产品序号之分，有的热力设备和热力系统在不断改进。

（5）化整为零地识读发电厂热力系统。生产实际中的发电厂全面性热力系统是较为复杂的，应将发电厂全面性热力系统化整为零，即先熟悉各局部热力系统，再将其联系成全厂的全面性热力系统。

（6）运行工况分析。一般应从正常工况着手，再分析低负荷工况、启动、停运及事故工况。对每一工况也应逐个局部系统地分析，最后再综合为全厂的全面性热力系统的运行工况分析。

二、发电厂全面性热力系统举例

（一）国产 N600-16.67/537/537 型机组的全面性热力系统

图 4-70 所示（见文后插页）为国产 N600-16.67/537/537 型机组配 HG-2008/186-M 型锅炉的全面性热力系统。汽轮机为单轴、四缸、四排汽的一次中间再热凝汽式机组。凝汽器为双壳、双背压、单流程，凝汽器的工作压力分别为 0.0042MPa 和 0.0053MPa。主蒸汽系统和再热蒸汽系统均采用"双管-单管-双管"布置方式。高、低压两级串联旁路系统。回热系统为"三高四低一除氧"，且均为卧式布置。各辅助热力设备和局部热力系统的

知识已在本书有关章节中介绍，在此不再叙述。

（二）2×C12 抽汽式供热机组的发电厂全面性热力系统

图 4－71 所示（见文后插页）为 2×C12 抽汽式供热机组的发电厂全面性热力系统。该厂有三台单汽包循环流化床锅炉和二台一级调整抽汽式汽轮发电机组。

三台循环流化床锅炉的型号为 UG－75/5.3－M12，两台一级调整抽汽式供热机组的型号为 C12－4.9/0.981。采用对分制双流程表面式凝汽器，工作压力为 0.00588MPa。主蒸汽系统采用集中母管制。每台供热机组共有三级抽汽，第一级为调整抽汽（0.785～1.275MPa），该调整抽汽向热网供热，供热额定压力为 0.981MPa；第二级（0.147MPa/305℃）和第三级（0.0407MPa/76℃）为非调整抽汽，分别向补充水除氧器和一台低压加热器供汽。各辅助热力设备和局部热力系统的知识已在本书有关章节中介绍，在此不再叙述。

▶ 能力训练 ◀

1. 识读国产 N600－16.67/537/537 型机组的全面性热力系统图（见图 4－70，文后插页），说明其工作流程，并将其概括为原则性热力系统图。

2. 识读 2×C12 抽汽式供热机组的发电厂全面性热力系统图，并说明其工作流程。

综 合 测 试

一、回答下列概念

1. 原则性热力系统；2. 单元制主蒸汽系统；3. 旁路系统的容量；4. 除氧器系统；5. 低压给水系统；6. 锅炉的排污率；7. 发电厂内部汽水损失；8. 质调节；9. 质量-流量调节

二、填空题

1. 主蒸汽管道系统的形式有＿＿＿＿、＿＿＿＿、＿＿＿＿和＿＿＿＿。

2. 再热蒸汽系统是指从＿＿＿＿经＿＿＿＿至＿＿＿＿前的全部蒸汽管道和分支管道。按再热蒸汽温度的高低，可分为再热冷段和再热热段蒸汽管道。再热冷段蒸汽管道是指＿＿＿＿及其分支管道；再热热段蒸汽管道是指＿＿＿＿及其支管。再热蒸汽系统都采用＿＿＿＿。

3. 再热机组旁路系统的形式主要有：＿＿＿＿系统；＿＿＿＿系统；＿＿＿＿系统；＿＿＿＿系统。

4. 在回热抽汽管道上一般会采取一些保护措施：①＿＿＿＿；②＿＿＿＿；③在每一根与回热抽汽管道相连的外部蒸汽管道上，均设置＿＿＿＿，严防蒸汽倒流。④安装在汽轮机抽汽口侧的＿＿＿＿，应尽量靠近汽轮机，以减少汽轮机甩负荷时阀前抽汽管道内储存的蒸汽能量，有利于防止汽轮机超速。⑤电动隔离阀前或后、止回阀前后的抽汽管道低位点，均设有＿＿＿＿。

5. 主凝结水系统的主要作用是＿＿＿＿。主凝结水系统一般由＿＿＿＿、＿＿＿＿、＿＿＿＿等主要设备及其连接管道组成。

6. 除氧器不仅具有＿＿＿＿的作用，同时还有＿＿＿＿的作用，除氧器配有一定水容积的水箱，所以它还有＿＿＿＿＿＿＿＿＿＿＿＿＿＿＿＿＿＿＿的作用。放置除氧器的地方称为＿＿＿＿＿＿＿＿＿。除氧器管道系统可分为＿＿＿＿＿＿除氧器管道系统和＿＿＿＿＿＿＿除氧器管道系统

7. 给水系统的主要作用是把除氧水＿＿＿＿后，通过＿＿＿＿＿＿＿加热供给＿＿＿＿＿，提高循环的热效率，同时提供＿＿＿＿＿＿＿＿＿＿＿＿＿＿＿＿＿＿＿＿＿减温水等。主要有以下几种形式：＿＿＿＿＿＿＿＿＿＿系统；＿＿＿＿＿＿＿系统；＿＿＿＿＿＿＿系统。

8. 锅炉连续排污不仅造成工质损失，而且还伴有热量损失。为了回收这部分＿＿＿＿＿，利用其＿＿＿＿＿＿＿，发电厂设置了连续排污利用系统。锅炉的连续排污利用系统一般由＿＿＿＿＿＿＿＿＿＿＿＿、＿＿＿＿＿＿＿＿＿＿＿＿＿＿及其＿＿＿＿＿＿＿＿＿＿＿＿＿组成。

9. 发电厂的汽水损失，根据损失的部位分为＿＿＿＿＿损失和＿＿＿＿＿损失。补充发电厂工质的这些损失而加入热力系统的水称为补充水，补充水必须经过严格处理。处理的方法一般有＿＿＿＿＿＿＿＿＿＿＿＿＿＿＿和＿＿＿＿＿＿＿＿＿＿＿＿两种。

10. 热电厂向热用户供应蒸汽的方式，有＿＿＿＿＿＿＿＿＿＿和＿＿＿＿＿＿两种；热电厂供热系统载热质有＿＿＿＿＿＿＿和＿＿＿＿＿两种，分别称为＿＿＿＿＿＿和＿＿＿＿＿＿；减压减温器是将＿＿＿＿＿＿＿＿＿＿＿＿＿＿＿＿＿＿的设备；其基本工作原理是通过＿＿＿＿＿＿降低压力，通过＿＿＿＿＿＿＿＿降低温度。

11. 抽真空系统的形式有＿＿＿＿＿＿＿＿＿、＿＿＿＿＿＿＿＿＿。

12. 外来汽源供汽的轴封蒸汽系统由＿＿＿＿＿＿＿＿、＿＿＿＿＿＿＿＿、＿＿＿＿＿＿＿＿＿＿＿＿及其连接管道组成。

13. 对于自密封轴封蒸汽系统，汽轮机正常运行时，其高中压缸的内侧漏汽进入＿＿＿＿，实现自密封汽封；其高压门杆漏汽进入＿＿＿＿＿＿＿＿＿＿＿＿＿＿＿以回收工质。自密封轴封系统在机组启动时的轴封汽源＿＿＿＿＿＿＿、＿＿＿＿＿＿和＿＿＿＿＿＿＿＿。

14. 汽轮机轴封和门杆的外挡漏汽均进入＿＿＿＿＿＿＿＿＿＿。

15. 汽轮机本体疏水通常由＿＿＿＿＿＿＿＿控制后，进入＿＿＿＿＿＿＿＿，最后回收工质进入凝汽器。

16. 发电厂直接供水系统的形式有＿＿＿＿＿＿＿＿、＿＿＿＿＿＿＿和＿＿＿＿＿＿＿＿。

17. 发电厂空气冷却系统的形式有＿＿＿＿＿＿＿＿和＿＿＿＿＿＿＿。

三、简答题

1. 绘出集中母管制主蒸汽系统，并说明集中母管制主蒸汽系统有什么特点？

2. 图 4-72 所示为小容量机组的主蒸汽系统图。写出图中 1～10 各设备、附件和管道的名称。

3. 旁路系统的主要作用是什么？绘出两级串联旁路系统图。

4. 凝结水最小流量再循环管道有什么作用？给水泵最小流量再循环管道有什么作用？除氧器循环泵有什么作用？

5. 给水系统中给水泵进出口设置了什么样的阀门、附件和管道？各起什么作用？

6. 绘出用循环水做载热质的热网系统图，并回答供热系统为什么要设置基本热网加热器和高峰热网加热器？

7. 凝汽器抽真空系统的作用是什么？汽轮机轴封蒸汽系统的作用是什么？

8. 回热加热器为什么要设置水侧旁路？大、小旁路各有什么特点？

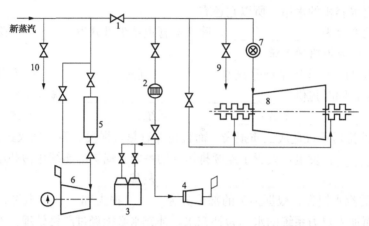

图 4-72　小容量机组的主蒸汽系统

9. 汽轮机本体疏水系统的作用是什么？汽轮机本体疏水系统包括哪些内容？疏水点应设置在什么部位？

10. 辅助蒸汽系统提供哪些用汽？

11. 发电厂工业冷却水系统的作用是什么？什么样的设备冷却器采用开式冷却水系统？什么样的设备冷却器采用闭式冷却水系统？

12. 发电机冷却系统的作用是什么？什么是双水内冷和水氢氢冷却方式？

参 考 文 献

[1] 张燕侠. 电厂热力系统与辅助设备. 北京：中国电力出版社，2013.
[2] 胡念苏. 汽轮机设备及其系统. 北京：中国电力出版社，2006.
[3] 叶涛. 热力发电厂. 5版. 北京：中国电力出版社，2016.
[4] 林万超. 火电厂热系统节能理论. 西安：西安交通大学出版社，1994.
[5] 蔡锡琮，蔡文钢. 火电厂除氧器. 北京：中国电力出版社，2007.
[6] 张灿勇. 火电厂热力系统. 2版. 北京：中国电力出版社，2013.